高等职业教育机械类专业系列教材

先进制造技术

Xianjin ZhizaoJishu

第2版

主编　李宗义　黄建明
参编　时立民
主审　聂建武

机械工业出版社

本书以培养高等职业学校装备制造大类相关专业应用型人才为目标，系统介绍了先进制造技术的各类适用技术，有利于拓宽学生知识面，培养学生的创新能力，是综合性、实用型教材。

全书共计9章，内容包括绪论、快速原型制造技术、增材制造技术、虚拟制造技术、制造自动化技术、智能制造技术、先进制造模式、先进加工技术、未来制造技术展望。

本书既可作为高等职业学校装备制造大类相关专业的教学用书，也可作为相关岗位培训教材。

图书在版编目（CIP）数据

先进制造技术/李宗义，黄建明主编. —2版. —北京：机械工业出版社，2016.3（2022.2重印）

高等职业教育机械类专业系列教材

ISBN 978-7-111-53204-0

Ⅰ.①先… Ⅱ.①李… ②黄… Ⅲ.①机械制造工艺-高等职业教育-教材 Ⅳ.①TH16

中国版本图书馆CIP数据核字（2016）第046634号

机械工业出版社（北京市百万庄大街22号 邮政编码100037）

策划编辑：汪光灿 责任编辑：王莉娜 责任校对：肖 琳

封面设计：张 静 责任印制：常天培

唐山三艺印务有限公司印刷

2022年2月第2版第9次印刷

184mm×260mm · 10.5印张 · 254千字

22001－25000册

标准书号：ISBN 978-7-111-53204-0

定价：30.00元

电话服务	网络服务
客服电话：010-88361066	机 工 官 网：www.cmpbook.com
010-88379833	机 工 官 博：weibo.com/cmp1952
010-68326294	金 书 网：www.golden-book.com
封底无防伪标均为盗版	机工教育服务网：www.cmpedu.com

第2版前言

本书主要以高等职业学校装备制造大类相关专业应用型人才培养为对象，从先进设计技术、先进制造工艺技术、制造自动化技术、先进制造模式以及新兴技术等方面，系统介绍了快速原型制造技术、增材制造技术、虚拟制造技术、制造自动化技术、智能制造技术、先进制造模式、先进加工技术及未来制造技术展望，阐述了每项技术的基本概念、关键技术和应用领域等，拓宽了学生的知识面，以增强对学生创新能力的培养。

本书结合当前先进制造技术的发展与新热点在第1版的基础上进行编写，使得教材的内容更加新颖，突出了高职教育的实用性和应用性，力求做到深入浅出、图文并茂，知识性与通俗性相统一。

本书具有以下主要特点。

1）注重系统性和完整性，各章之间既有联系又相对独立，方便教学。

2）注重工程实用，介绍典型先进制造技术。

3）配以典型应用案例，加强实用性与参考性。

4）链接相关背景知识，拓宽知识面。

本书建议学时为50学时，学时分配如下：

章节	学时数	章节	学时数
第1章　绪论	4	第6章　智能制造技术	4
第2章　快速原型制造技术	4	第7章　先进制造模式	6
第3章　增材制造技术	4	第8章　先进加工技术	6
第4章　虚拟制造技术	4	第9章　未来制造技术展望	10
第5章　制造自动化技术	8	合计	50

本书由甘肃机电职业技术学院李宗义教授编写第1、2、3、4、6章，黄建明副教授、时立民编写第5、7、8、9章，全书由聂建武主审。

由于编者水平有限，书中错误和不足之处在所难免，恳请广大读者批评指正。

编　者

第1版前言

本书是根据现阶段机电类专业培养方案的指导思想和最新的教学计划编写的。本书主要以职业院校模具设计与制造专业、数控技术应用专业应用型人才培养为对象，从先进设计技术、先进制造工艺技术、制造自动化技术、先进制造模式以及先进管理技术等方面，系统介绍各类先进的适用技术，阐述每项技术的基本概念、应用领域和关键技术，拓宽学生的知识面，了解各类制造技术的发展现状和趋势，以增强对学生创新能力的培养。

本书内容新颖、实用，突出职业教育的实用性和应用性，力求做到深入浅出、图文并茂，知识性与通俗性统一。

本书具有以下主要特点。

1）注重系统性和完整性，各章之间既有联系又独立成章，方便教学。

2）注重工程实用，介绍典型先进制造技术。

3）配以典型应用案例，加强实用性与参考性。

4）链接相关背景知识，拓宽知识面。

本课程教学共需38学时，学时分配可参考表0-1。

表0-1　学时分配

章　　节	建议学时	章　　节	建议学时
第一章　绪论	4	第五章　先进制造模式	8
第二章　先进设计技术	4	第六章　先进管理技术	4
第三章　先进制造工艺技术	10	合　　计	38
第四章　制造自动化技术	8		

本书由甘肃省机械工业学校李宗义副教授主编，并编写第一章、第三章和第五章。黄建明任副主编，并编写第二章、第四章和第六章部分内容。天水师范学院时立民编写第五章部分内容和第六章。另外，甘肃省机械工业学校董建民也参与了部分内容的编写工作。

本书由陕西工业职业技术学院聂建武副教授担任责任主审，并对书稿提出了很多宝贵意见，同时，在收集资料和编写的过程中，也得到了不少生产单位及老师的支持和帮助，在此一并表示衷心的感谢。

由于编者水平有限，书中差错和不足之处在所难免，恳请广大读者批评指正。

编　者

目录

第1章 绪论

>>> 学习目标

通过本章的学习，了解制造的概念、作用及发展趋势；对先进制造技术的提出背景、概念、体系结构、涵盖领域、特点及其今后的发展趋势有所认识。

随着人类社会科学技术的进步与经济发展条件的变化，制造业自身不断成长演进，尤其是在现代经济信息化、全球化的条件下，人们更为关注与各国经济发展相联系的先进制造技术的发展。

1.1 概述

制造业是人类社会赖以生存的基础产业。历史上制造业打造了工业革命以来世界经济形成的基础，现实中制造业是一国综合竞争力的重要构成。

1.1.1 制造的概念

人类最早的制造活动可以追溯到新石器时代，当时人们利用石器作为劳动工具，制作生活和生产用品，制造技术处于一种萌芽阶段。到了青铜器和铁器时代，为了满足以农业为主的自然经济的需要，出现了诸如纺织、冶炼和锻造等较为原始的制造活动。

1. 制造

制造（Manufacturing）是一种将物料、能量、资金、人力资源、信息等有关资源，按照社会的需求转变为新的、有更高应用价值的有形物质产品和无形软件、服务等产品资源的行为和过程。

国际生产工程研究学会（CIRP）给制造下的定义：制造是一个涉及制造工业中产品设计、物料选择、生产计划、生产过程、质量保证、经营管理、市场销售和服务的一系列相关活动和工作的总称。

2. 制造过程

制造过程是指产品设计、生产、使用、维修、报废、回收等的全过程，也称为产品生命周期。制造过程及其所涉及的硬件（包括人员、生产设备、材料、能源和各种辅助装置）以及有关的软件（包括制造理论、制造工艺、制造方法和制造信息等），组成了一个具有特定功能的有机整体，称为制造系统（Manufacturing System）。

3. 制造业

制造业（Manufactury）是将制造资源（物料、能源、设备、工具、资金、信息、人力等）利用制造技术，通过制造过程，转化为供人们使用或利用的工业品或生活消费品的行业，也可以说是所有与制造活动有关的实体或企业机构的总称。

社会的进步和发展，是伴随着制造业的革新和发展而进行的。每一个社会发展阶段，都会出现与之相匹配的加工制造技术。社会各个时期制造业的发展进程见表1-1。

在近代，制造模式经历了手工生产、英式系统、美式系统、大批量制造、数控柔性制造、计算机集成制造等的发展与演变过程，未来将会不断诞生新的先进制造模式。

表1-1　社会各个时期制造业的发展进程

时期	工具	制造特征对象	制造模式
农业社会	石器、铜器、铁器	自然界地表层的天然物质资源	手工制造
工业社会	机器	地下的石油、矿产资源、生活生产用品	机器制造、机械化流水线制造、自动化制造
信息社会	计算机 新技术	1. 有形资源 分子、原子、纳米级 2. 无形资源 信息、知识	现代制造、柔性制造、集成制造、敏捷制造、智能制造、纳米制造、生物制造

人物链接

1. 泰勒

弗雷德里克·泰勒（Frederick W. Taylor，1856—1915）是美国古典管理学家，科学管理的主要倡导人，被人称为“科学管理之父”。

“泰勒（Taylor）制”的工程哲理：即将产品的开发过程尽可能细地划分为一系列串联的工作步骤，由不同的部门承担，依次执行。实质上是“串行工程”。

2. 福特

亨利·福特（Henry Ford，1863—1947）是世界著名的“汽车大王”，终生致力于汽车的研究和制造，使汽车成为人人买得起的商品。福特首先推行了零件互换技术、建立汽车装配生产线、实现大量生产方式等，它对社会结构、劳动分工、教育制度和经济发展，都产生了重大的影响。

1.1.2　制造的作用

20世纪制造业生产的众多新型机电产品例如汽车、飞机、电视机、计算机、数控机床、机器人、手机、人造卫星及宇宙飞船等，对人们的生产、生活方式都产生了重大影响，可谓足以改变世界。

案例比较

案例1：瑞士是一个仅有800万人口的国家，但瑞士年人均国民生产总值多年位居世界前列（2015 年瑞士年人均国民生产总值 77852.65 美元，居世界第 4），这应该主要归功于瑞士十分发达的制造业。凭借技术型人力资源、科技创新、丰富的金融资源等优势，瑞士制造业如今已形成机械、化工、纺织、钟表、食品五大支柱产业，所创造的价值约占国内生产总值的 30%。

案例 2：20 世纪 70 年代，美国不重视制造业，把制造业称为“夕阳工业”，结果导致美国 20 世纪 80 年代的经济衰退。而同时期日本非常重视制造业，特别重视汽车制造和微电子制造，结果日本的汽车和家用电器占领了全世界的市场，尤其是大举进入了美国市场。

案例 3：1998 年爆发的东南亚经济危机，从另一个侧面反映了一个国家发展制造业的重要性。一个国家，如果把经济的基础放在股票、旅游、金融、房地产、服务业上，而无自己的制造业，这个国家的经济就容易形成泡沫经济。

调查结论

早在 1999 年的第 46 届国际生产工程学会（CIRP）年会报告中指出，世界上各发达工业国家经济上的竞争，主要是制造技术的竞争。在各个国家企业生产力的构成中，制造技术的作用一般占 55% ~65%。

统计表明

在工业化国家中约 70% 的社会财富是制造业创造的，约 45% 的国民经济收入也来自于制造业，如美国 68% 的社会财富就来自于制造业。综观世界各国的发展历程，可以发现：如果一个国家的制造业发达，它的经济必然强大，国家的综合实力也得以提升。

总之，人类社会的发展史，特别是近几十年世界经济的发展状况反复证明，无论科学技术怎样发展，信息和知识的力量如何强大，其绝大多数价值最终是通过制造业贡献于社会的。值得注意的是，在更高的社会发展阶段，对于基础产业的依赖性将更为突出，信息社会和知识社会的高度发展更离不开制造业的支撑。

1.1.3 制造业的发展趋势

科技的进步和制造业的发展相互促进，是推动社会发展的主要动力。

从科学发现到技术发明，见表 1-2。

表 1-2 从科学发现到技术发明

科学发现	年份	技术发明	年份	孕育过程(年)
电磁感应原理	1831	发电机	1872	41
内燃机原理	1862	汽油内燃机	1883	21
电磁波通信原理	1895	公众广播电台	1921	26
喷气推进原理	1906	喷气发动机	1935	29
雷达原理	1925	雷达	1935	10
青霉素原理	1928	青霉素	1943	15
铀核裂变	1938	原子弹	1945	7
发现半导体	1948	半导体收音机	1954	6

（续）

科学发现	年份	技术发明	年份	孕育过程(年)
集成电路设计思想	1952	单片集成电路	1959	7
光纤通信原理	1966	光纤电缆	1970	4
无线移动通信设想	1974	蜂窝移动电话	1978	4
多媒体设想	1987	多媒体计算机	1991	4
新一代设计芯片	20 世纪 90 年代	新一代芯片	20 世纪 90 年代	1.5

计算机、微电子、信息和自动化技术的迅速发展，给制造业在产品设计、工艺与装备、生产管理和企业经营等方面均带来了重大变革，先后诞生了一系列新的制造技术和新的制造模式，见表 1-3。

表 1-3　制造新技术和新模式名称代号

名称	代号缩写	名称	代号缩写	名称	代号缩写
数控	NC	柔性制造系统	FMS	生产数据交换标准	STEP
加工中心	MC	准时生产	JIT	智能制造技术	IMT
计算机数控	CNC	管理信息系统	MIS	精良生产	LP
计算机辅助制造	CAM	并行工程	CE	按类个别生产	OKP
工业机器人	IR	成组技术	GT	按订单生产	MTO
计算机辅助工艺	CAPP	质量功能配置	QFD	快速原型	RP
计算机辅助调度	CAPS	面向 X 设计	—	快速制造	RM
计算机辅助检测	CAI	物料需求计划	MRP	敏捷制造	AM
计算机辅助工程	CAE	制造资源计划	MRPII	虚拟制造	VM
计算机辅助装配规划	CAAP	企业资源计划	ERP	计算机集成制造	CIM
柔性制造单元	FMC	产品数据管理	PDM	计算机集成制造系统	CIMS
柔性制造线	FML	初始图形交换系统	IGES		

而在新材料方面，高强质轻合金、工程塑料、复合材料、陶瓷材料、新型合金等材料的应用，使产品用材有了显著变化，又促进了新的加工工艺和成形方法的发展，出现了多种精密加工、复合加工、特种加工、材料改性等新工艺，提高了加工质量和效率。加工装备走向一机多能、粗精加工一体化、加工检测集成、人机一体化，出现了智能化加工单元。

总之，现代制造将以先进制造技术为主要支撑，以资源和资源转换为对象，以现代制造科学与技术为基础，以制造系统为载体，以信息化、网络化、生态化和全球化为环境和背景，追求社会经济的持续快速发展。

1.2　先进制造技术的概貌

1.2.1　概念

1. 背景知识

20 世纪 70 年代，美国一批学者基于错误认识，提出美国已进入“后工业化社会”，强调制造业是“夕阳工业”，认为应将经济重心由制造业转向纯高科技产业及服务业等第三产业；许多学者也只重视理论成果，不重视实际应用，造成所谓“美国发明，日本发财”。美国政府发展战略对产业技术不予以支持，使美国制造业产生衰退，产品的市场竞争力下降，贸易逆差剧增，原来美国占绝对优势的汽车、机床及家用电器等许多产品，都在竞争中败给日本，日本货占领了美国市场。美国商品在来自日本的高质量、高科技产品以及其他亚洲和拉美国家廉价制造品的夹击下，其生存空间不断萎缩，引起学术界、企业界和政治界人士的普遍重视，纷纷要求政府出面组织、协调和支持产业技术的发展，重振美国经济。为此，美国政府和企业界花费数百万美元，组织大量专家、学者进行调查研究。研究结果简单明了，如麻省理工学院（MIT）的调查结论为：“一个国家要生活得好，必须生产得好”和“振兴美国经济的出路在于振兴美国的制造业”。调查结果使大家认识到，经济的竞争归根到底是制造技术和制造能力的竞争。观念转变后，美国政府立即采取一系列措施，展开先进制造技术的研究，成立了8个国家级制造研究中心，开展大规模的“21世纪制造企业战略”研究，取得了很好的效果，很快使汽车产量超过日本，重新占领欧美市场。与此同时，日本、欧洲、澳大利亚等工业发达国家也相继展开各自国家先进制造技术的理论和应用研究，把先进制造技术的研究和发展推向了高潮。

2. 概念

先进制造技术（Advanced Manufacturing Technology，简称AMT）是传统制造技术、信息技术、计算机技术、自动化技术与管理科学等多学科先进技术的综合，并应用于制造工程之中所形成的一个学科体系。

由于AMT是在传统制造技术基础上不断吸收机械、电子、信息、材料、能源和现代管理等方面的成果，并将其综合应用于产品设计、制造、检测、管理、销售、使用、服务的制造全过程，能实现优质、高效、低耗、清洁、灵活的生产，提高市场的适应能力和竞争能力，以期取得理想的技术经济效果。因此，AMT呈现出精密化、柔性化、网络化、虚拟化、智能化、清洁化、集成化、全球化等特点。

在以知识为基础、以创新为动力的新经济体系中，制造业正面临着严峻的挑战与机遇，重视、研究和推广应用先进制造技术无疑是十分必要的。

1.2.2 体系结构

1994年初，美国联邦科学、工程和技术协调委员会（FCCSET）提出了先进制造技术的体系结构及主要内容，如图1-1所示。

FCCSET下属的工业和技术委员会先进制造技术工作组提出将先进制造技术分为三个技术群：

1）主体技术群，包括面向制造的设计技术群和制造工艺技术群。

2）支撑技术群。

3）制造基础设施（制造技术环境）。

1.2.3 涵盖领域

先进制造技术横跨多个学科，并组成一个有机整体，大致可以分为以下几个方面。

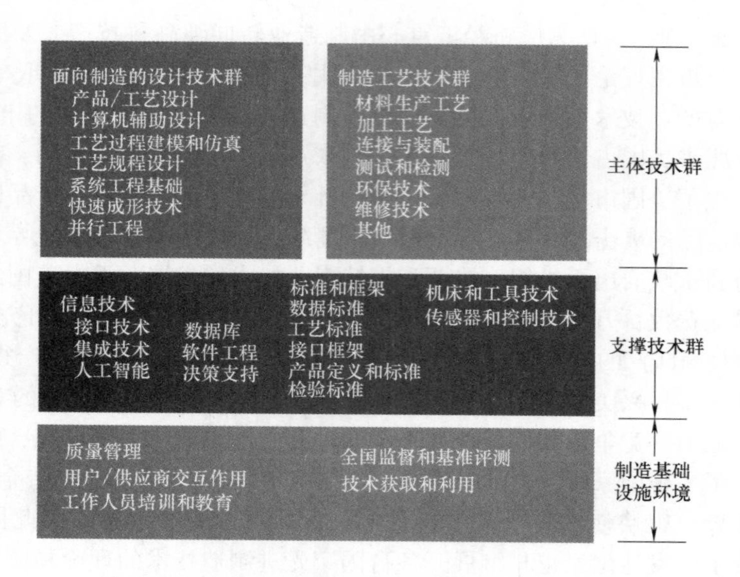

图1-1 先进制造技术的体系结构及主要内容

1. 现代设计技术

现代设计技术包括并行设计、系统设计、功能设计、模块化设计、价值工程、质量功能配置、模糊设计、工业造型设计、绿色设计、面向对象的设计、反求工程、计算机辅助设计技术、性能优良设计基础技术、竞争优势创建技术、全寿命周期设计和设计试验技术等。

2. 先进制造工艺

先进制造工艺包括精密洁净铸造成形工艺、精确高效塑性成形工艺、优质高效焊接及切割技术、优质低耗洁净热处理技术、高效高精机械加工工艺、现代特种加工工艺、新型材料成形与加工工艺、优质清洁表面工程技术、快速原型制造技术、虚拟制造技术等。

3. 制造自动化技术

制造自动化技术包括数控技术、工业机器人、柔性制造系统（FMS）、计算机集成制造系统（CIMS）、传感技术、自动检测及信号识别技术、过程设备工况监测与控制等。

4. 先进制造模式和管理技术

先进制造模式包括计算机集成制造技术、并行工程、敏捷制造技术、精益生产、智能制造、绿色制造、物料需求计划和制造资源计划、企业资源规划、准时生产等，其中包含先进的管理技术。

1.3 先进制造技术的特点及发展趋势

1.3.1 特点

先进制造技术与传统制造技术比较，具有以下特点。

1）传统制造技术一般效率都低，资源消耗较多，对环境污染较大，经济和社会综合成本高，先进制造技术本质上就是为了克服传统制造技术的不足而发展的，其基础是优质、高效、低耗、无污染。

2）先进制造技术覆盖了从产品设计、加工制造到产品销售、使用、维修和回收的整个过程，研究的范围更为广泛。而传统制造技术一般是局限于加工制造过程的工艺方法，是只能驾驭生产过程中的物质流、能量流和信息流的系统过程。

3）制造向超微细领域扩展，如微型机械、微米/纳米加工的发展要求用更新、更广的知识来解决这一领域的新课题，而传统制造技术难于或无法解决。

4）先进制造技术的各专业、学科、技术之间不断交叉、融合，形成了综合、集成的新技术，而传统制造技术的学科、专业单一，界限分明。

5）制造国际化是21世纪制造技术发展的必然趋势。例如基于虚拟制造技术的虚拟公司就可以实现制造企业在全球范围内的重组和集成，而传统制造企业无法实现。

6）制造技术与生产管理的统一。制造技术的改进带动了管理模式的提高，而先进的管理模式推动了制造技术的应用。

7）先进制造技术特别强调人的主体作用，强调人、技术与管理三者的有机结合。

总之，先进制造技术具有精密化、柔性化、网络化、虚拟化、智能化、清洁化、集成化、全球化等特点。高质量、高水平的制造业必然要以先进的制造技术做后盾。世界上各个工业化国家经济上的竞争主要也是制造技术的竞争。在各个国家的企业生产力的构成中，制造技术的作用一般占55%~65%。亚洲部分国家（如日本、韩国等）的发展在很大程度上就是因其重视制造技术，通过制造技术形成产品，依靠产品占领世界市场，从而实现经济乃至国力的迅速崛起、腾飞。正是因为先进制造技术的重要作用，在许多国家的科技发展计划中，先进制造技术都被列为优先发展的科技。

2015年5月19日，国务院印发《中国制造2025》，规划明确了未来我国制造业发展的十大重点领域：新一代信息技术产业、高档数控机床和机器人、航空航天装备、海洋工程装备及高技术船舶、先进轨道交通装备、节能与新能源汽车、电力装备、农机装备、新材料、生物医药及高性能医疗器械。

1.3.2 发展趋势

先进制造技术的发展趋势大致有以下几个方面。

1. 先进制造技术向超精微细领域扩展

微型机械、纳米测量、微米/纳米加工制造的发展使制造工程科学的内容和范围进一步扩大，要求用更新、更广的知识来解决这一领域的新课题。

2. 制造过程的集成化

制造过程的集成化使产品的加工、检测、物流、装配过程走向一体化。计算机辅助设计、计算机辅助工程、计算机辅助制造的出现，使设计、制造成为一体；“增材制造”颠覆了传统制造，“去除型”方式可以快速、直接地造出任何复杂形状的物体；精密成形技术的发展，使热加工可直接提供接近最终形状、尺寸的零件，它与磨削加工相结合，有可能覆盖大部分零件的加工，淡化了冷、热加工的界限；机器人加工工作站及柔性制造系统的出现，使加工过程、检测过程、物流过程融为一体；现代制造系统使得自动化技术与传统工艺密不可分；很多新型材料的配制与成形同时完成，很难划清材料应用与制造技术的界限。这种趋势表现在生产上使专业车间的概念逐渐淡化，多种不同专业的技术集成在一台设备、一条生产线、一个工段或车间里的生产方式逐渐增多。

3. 制造科学与制造技术、生产管理的融合

制造科学是对制造系统和制造过程知识的系统描述。它包括制造系统和制造过程的数学描述、仿真和优化，设计理论与方法以及相关的机构运动学和动力学、结构强度、摩擦学等。事实证明，技术和管理是制造系统的两个轮子，由生产模式结合在一起，推动着制造系统向前运动。在计算机集成制造系统、敏捷制造、虚拟制造等模式中，管理策略和方法是这些新生产模式的灵魂。

4. 绿色制造将成为制造业的重要特征

绿色制造是一种现代制造模式，其目标是使产品从设计、制造、包装、运输、使用到报废处理的整个生命周期中，对环境的负面影响最小、资源利用率最高，并使企业经济效益和社会效益最高。环境与资源的约束，使绿色制造业显得越来越重要，它是21世纪制造业的重要特征，并将获得快速的发展，主要体现在绿色产品设计技术、绿色制造技术、产品的回收和循环再制造。

5. 虚拟现实技术在制造业中获得越来越多的应用

虚拟现实技术主要包括虚拟制造技术和虚拟企业两个部分。虚拟制造技术从根本上改变了设计、试制、修改设计、组织生产的传统制造模式。它在虚拟环境中可以用虚拟的产品原型代替真实样品进行试验，对其性能和可制造性进行预测和评价，从而缩短了产品的设计与制造周期，降低了产品的开发成本，提高了系统快速响应市场变化的能力。

虚拟企业则是为了快速响应某一市场需求，通过信息高速公路，将产品涉及的不同企业临时组建成为一个靠计算机网络联系、统一指挥的合作经济实体。

6. 制造全球化

先进制造技术的竞争正在导致制造业在全球范围内的重新分布和组合，新的制造模式将不断出现，更加强调实现优质、高效、低耗、清洁、灵活的生产。随着制造产品、市场的国际化及全球通信网络的建立，国际竞争与协作氛围的形成，21世纪制造全球化是发展的必然趋势。

思考与练习题

1-1　什么是制造、制造系统、制造技术及制造业？

1-2　简述制造业的发展阶段及其特点。

1-3　简述制造业的发展趋势。结合自己的认识，谈谈对制造业发展的展望。

1-4　什么是先进制造技术？其特点有哪些？

1-5　先进制造技术可以分哪些方面？

1-6　先进制造技术的发展趋势是什么？先进制造技术的出现与发展，对社会进步有哪些积极影响？

第2章 快速原型制造技术

学习目标

通过本章的学习，初步了解快速原型制造技术的概念；理解快速原型工艺的原理、特点；了解快速原型制造的应用。

20世纪80年代后期出现的快速原型制造（Rapid Prototyping Manufactureing，简称RPM）技术，被认为是制造技术领域的一次重大突破。RPM可以自动、直接、快速、精确地将设计思想转化为具有一定功能的原型，有效地缩短了产品的研究开发周期，以便在最短的时间内推出适应市场变化的新产品，在市场竞争中赢得先机。

2.1 快速原型制造技术概述

企业的核心竞争力取决于产品创新的速度和制造技术的柔性。但用传统方法制作产品原型时，通常须使用多种机床设备和工模具，成本高，周期长。在许多情况下，人们需要（或希望）能快速制造出产品的物理原型（样机、样件），以便征求包括客户在内的各方面意见，通过反复修改，在短期内形成能投放市场的定型产品，从而加快市场的响应能力，缩短产品的上市周期。

2.1.1 RP起源

1892年，Blanther主张用分层方法制作三维地图模型。分层制造三维物体的思想雏形，可追溯到4000年前，中国出土的鲁漆器，用粘结剂把丝、麻粘接起来铺敷在底胎上，待漆干后挖去底胎成形。考古学家也发现古埃及人在公元前就已将木材切成板后重新铺叠制成叠合材料，类似现代的胶合板。

1979年东京大学的川威雄教授，利用分层技术制造了金属冲裁模、成形模和注射模。20世纪70年代末到80年代初，美国3M公司的Alan J. Hebert（1978年）、日本的小玉秀一（1980年）、美国的Charles W. Hull（1982年）和日本的丸谷洋二（1983年），各自独立地提出了RP的概念，即利用连续层的选区固化制作实体的新思想。美国的Charles W. Hull完成了第一个RP系统——Stereo Lithography Apparatus，并于1984年获得专利，这是RP发展的一个里程碑，随后许多快速成型的概念、技术及相应的成形机才得以相继出现。

随着各种新型快速原型制造技术的出现，“Rapid Prototyping”一词已无法充分表达各种成形系统、成形材料及成形工艺等所包含的内容，对 RP 的定义也是多种多样。针对 RP 原意及现今技术的发展，本书对该词做如下定义。

1）针对工程领域而言，其广义上的定义为：通过概念性的具备基本功能的模型快速表达出设计者意图的工程方法。

2）针对制造技术而言，其狭义上的定义为：一种根据 CAD 信息数据把成形材料层层叠加而制造零件的工艺过程。

快速原型（Rapid Prototyping，简称 RP）技术综合机械、电子、光学、材料等学科。它涉及 CAD/CAM 技术、数据处理技术、CNC 技术、测试传感技术、激光技术等多种机械电子技术、材料技术和计算机软件技术，是各种高技术的综合应用，已成为先进制造技术群的重要组成部分。它必将对制造企业的模型、原型及成形件的制造方式产生更为深远的影响。

2.1.2 RP 零件图形处理过程

由于快速原型制造的计算机系统只有接受三维 CAD 模型后，才能进行切片处理。三维 CAD 模型的获取方式：在 PC 或图形工作站上用三维软件 Pro/E、UG、CATIA 等设计，或将已有产品的二维三视图转换成三维 CAD 模型，或用扫描机对已有的零件实样进行扫描。其具体处理过程如下。

1. 三维模型的近似处理

产品零件上往往有一些不规则的自由曲面，在制作快速原型前必须对其进行近似处理，才有可能获取确切的截面轮廓。在目前的快速原型系统中，最常见的近似处理方法是用 STL 文件格式进行数据转换，将三维实体表面用一系列相连的小三角形逼近自由曲面，得到 STL 格式的三维近似模型文件。典型的 STL 文件如图 2-1 所示。

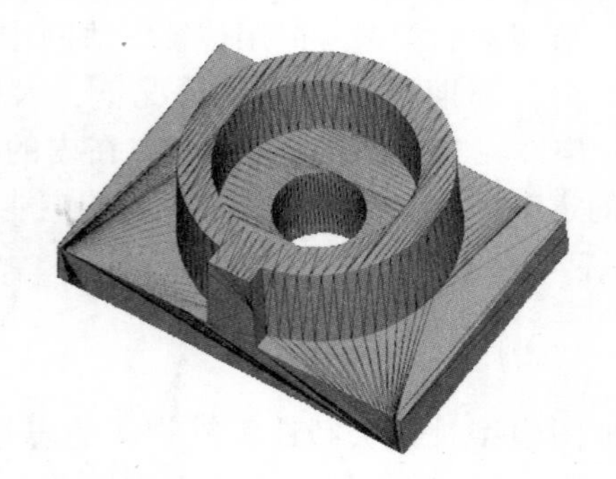

图 2-1 典型的 STL 文件

用 Pro/E 软件转换 STL 文件的流程：File（文件）→Export（输出）→Model（模型）；

或者选择 File（文件）→Save a Copy（另存一个副件）→选择 . STL；设定弦高为 0，然后该值会被系统自动设定为可接受的最小值；设定 Angle Control（角度控制）为 1。

用 AutoCAD 软件转换 STL 文件的流程：输出模型必须为三维实体，且 XYZ 坐标都为正值；在命令行输入命令“Faceters”→设定 FACETRES 为 1 ~ 10 的一个值（1 为低精度，10 为高精度）→在命令行输入命令“STLOUT”→选择实体→选择“Y”，输出二进制文件→选择文件名。

2. 三维模型的切片处理

STL 文件切片处理如图 2-2 所示。

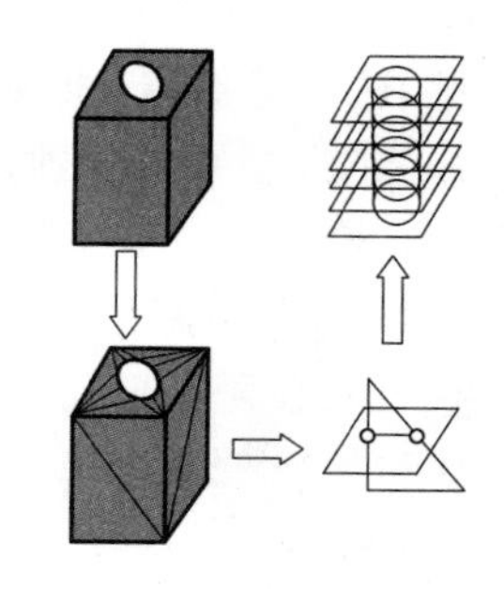

图 2-2　STL 文件切片处理

由于快速原型制造是按一层层截面轮廓来进行加工的，因此加工前必须从三维模型上，沿成形的高度方向每隔一定的间隔进行切片处理，以获取截面的轮廓。间隔的大小根据待成形零件的精度和生产率要求选定。间隔越小，精度越高，但成形时间越长。间隔选取的范围为 0.05～0.50mm，常用的是 0.10mm 左右。

无论零件形状多么复杂，对每一层来说都是简单的平面矢量扫描组，轮廓线代表了片层的边界。

根据具体工艺要求，将其按一定厚度分层，即将其离散为一系列二维层面，将这些离散信息与加工参数相结合，驱动成形机顺序加工各单元层面。原型制作流程如图 2-3 所示。

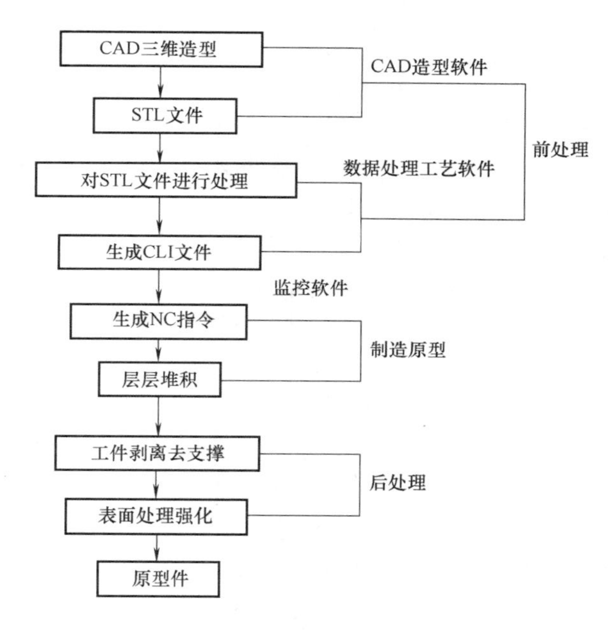

图 2-3　原型制作流程

2.2　快速成形工艺

快速成形技术经过 20 年左右的发展，其工艺已经逐步完善，发展了许多成熟的加工工艺及成形系统。RP 系统可分为两大类：基于激光或其他光源的成形技术，如立体光造型、叠层实体制造、选择性激光烧结、形状沉积制造（Shape Deposition Manufacturing，简称 SDM）等；基于喷射的成形技术，如熔融沉积制造和三维印刷制造等。

2.2.1　立体光造型工艺

立体光造型工艺（Stereo Lithography Apparatus，简称 SLA）又称立体平版印刷技术，是基于液态光敏树脂的光聚合原理工作的。这种液态材料在一定波长和强度的紫外光（如 $\lambda = 325$nm）的照射下能迅速发生光聚合反应，相对分子质量急剧增大，材料也就从液态转变成固态。SLA 技术的成形原理如图 2-4 所示。

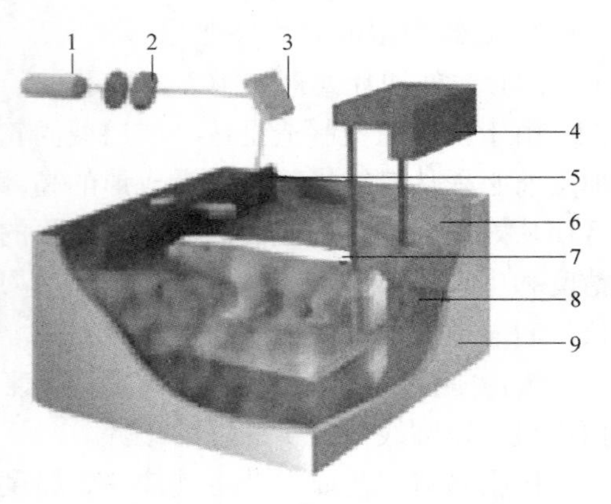

图 2-4　SLA 技术的成形原理

1—激光器　2—透镜　3—扫描系统　4—升降台　5—刮平器　6—光敏树脂　7—成形零件　8—托盘　9—液槽

液槽中盛满液态光固化树脂，具有一定波长和强度的紫外激光光束在偏转镜作用下，能在液态表面上扫描，扫描的轨迹及光线的有无均由计算机控制，光点打到的地方，液体树脂就固化。

成形开始时，工作平台在液面下一个确定的深度，聚焦后的光斑在液面上按计算机控制下的加工零件各分层截面的形状对液态光敏树脂进行逐点扫描，被光照射到的薄层树脂发生聚合反应，从而形成一个固化的层面。当一层扫描完成后，未被照射的地方仍是液态树脂；然后升降台带动平台再下降一层高度，已成形的层面上又布满一层树脂，刮平器将黏度较大的树脂液面刮平，然后再进行第二层的扫描，新固化的一层树脂牢固地粘在前一层上，如此重复，直到整个零件制造完毕，得到一个三维实体模型。其截层厚度为 0.04 ~0.07mm，可控精度为 0.10mm。

SLA 技术成形速度快，自动化程度高，可成形任意复杂形状，尺寸精度高，表面质量好，主要应用于复杂、高精度的精细工件快速成型，市场份额大。但对于悬臂结构，PV 须同步成形支撑，否则零件容易断裂或变形，支撑材料与零件材料相同需要切除，另外材料有污染。

知识链接

DLP 激光成形技术：DLP 和 SLA 技术比较相似，不过它是使用高分辨率的数字光处理器（DLP）投影仪来固化液态光聚合物，逐层进行光固化的。由于每层固化时通过幻灯片似的片状固化，因此速度比同类型的 SLA 技术速度更快。该技术成形精度高，在材料属性、细节和表面粗糙度方面可匹敌注射成型的耐用塑料部件。

UV 紫外线成形技术：UV 和 SLA 技术相类似，不同的是它利用 UV 紫外线照射液态光敏树脂，一层一层由下而上堆栈成形，成形的过程中没有噪声产生，在同类技术中成形的精度最高，通常应用于精度要求高的珠宝和手机外壳等行业。

2.2.2　叠层实体制造工艺

叠层实体制造工艺（Laminated Object Manufacturing，简称 LOM）采用薄片材料，如纸、塑料薄膜等，片材表面事先涂覆上一层热熔胶。LOM 的成形原理如图 2-5 所示。

加工时，热压辊热压片材，使之与下面已成形的工件粘接；用 CO_2 激光器在刚粘接的新层上切割出零件截面轮廓和工件外框，并在截面轮廓与外框之间多余的区域内切割出上下对齐的网格；激光切割完成后，工作台带动已成形的工件下降，与带状片材（料带）分离。

供料机构转动收料轴和供料轴，带动料带移动，使新层移到加工区域，工作台上升到加工平面，热压辊热压，工件的层数增加一层，高度增加一个料厚，再在新层上切割截面轮廓。如此反复直至零件的所有截面粘接、切割完，得到分层制造的实体零件。

其截层厚度为0.07~0.15mm，精度与切割材质有关。

叠层实体制造工艺适合大中型制件，成形速度快，精度不高，浪费材料，废料清理困难。

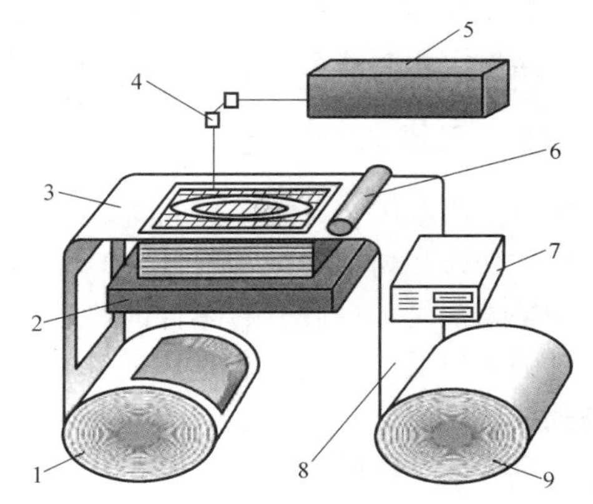

图2-5 LOM的成形原理

1—收纸辊 2—升降工作台 3—加工平面 4—定位装置（切割头） 5—激光器 6—热压辊 7—计算机 8—箔材带 9—展开辊

2.2.3 选择性烧结工艺

选择性烧结工艺（Selective Laser Sintering，简称SLS）是利用粉末状材料成形的。将材料粉末铺撒在已成形零件的上表面并刮平；用高强度的CO_2激光器或电子束在刚铺的新层上扫描出零件截面；材料粉末在高强度的激光照射下被烧结在一起，得到零件的截面，并与下面已成形的部分连接；当一层截面烧结完后，铺上新的一层材料粉末，选择地烧结下层截面。SLS的工作原理如图2-6所示。

其截层厚度为0.1~0.2mm。

选择性烧结工艺简单，材料选择范围广，成本较低，成形速度快，后处理复杂，适合中小型制件，主要应用于铸造业直接制作快速模具、聚合物非金属零件和高性能复杂结构金属零件，在航空航天、国防和其他高端工程领域获得了广泛应用。

2.2.4 熔融沉积制造工艺

熔融沉积制造工艺（Fused Depostion Modeling，简称FDM）的材料一般是热塑性材料，如蜡、ABS、尼龙等，以丝状供料。材料在喷头内被加热熔融，喷头沿零件截面轮廓和填充轨迹运动，同时将熔融的材料挤出；材料迅速凝固，并与周围的材料凝结。

FDM的工作原理如图2-7所示。

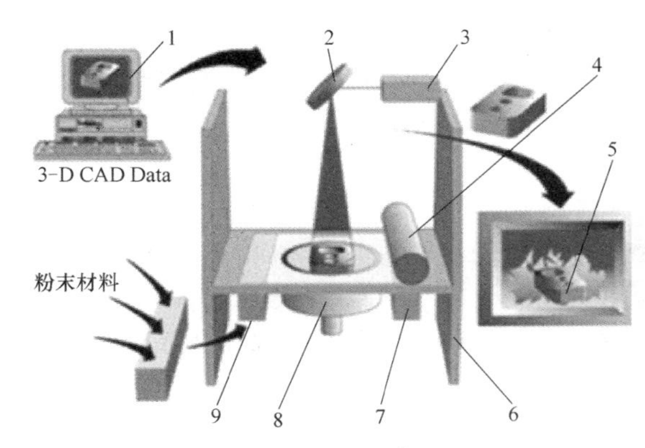

图2-6 SLS的工作原理

1—计算机 2—振镜 3—激光器 4—铺粉滚筒 5—工件 6—预热器 7—废料桶 8—升降台 9—粉料桶

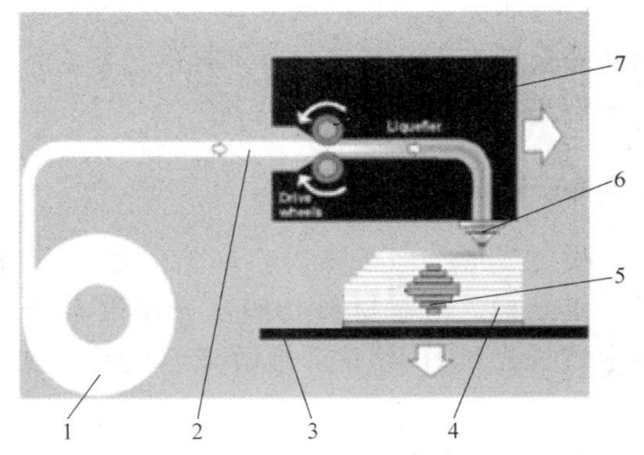

图2-7 FDM的工作原理

1—储丝桶 2—料丝 3—工作台 4—支撑结构 5—工件 6—喷嘴 7—送丝机构

其截层厚度为 0.025 ~ 0.760mm，成形精度低。

熔融沉积制造工艺适合小塑料件，成形速度慢，费用低，变形小。

2.2.5 三维印刷工艺

三维印刷工艺（Three Dimension Printing，简称 TDP）与 SLS 工艺类似，采用粉末材料成形，如陶瓷粉末和金属粉末。所不同的是材料粉末不是通过烧结连接起来的，而是通过喷头用粘结剂（如硅胶）将零件的截面“印刷”在材料粉末上面（图 2-8）。用粘结剂粘接的零件强度较低，还须后处理，即先烧掉粘结剂，然后在高温下渗入金属，使零件致密化，提高强度。

TDP 的工作原理如图 2-8 所示。

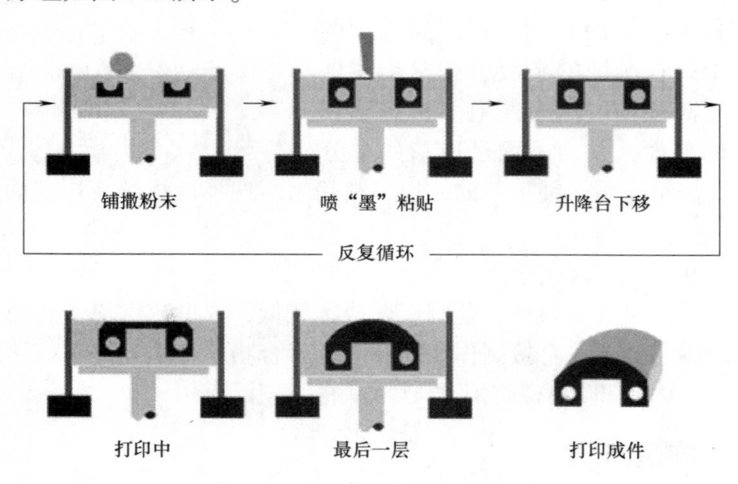

图 2-8　TDP 的工作原理

知识链接

采用 TDP 技术的 3D 打印机使用标准喷墨打印技术，通过将液态联结体铺放在粉末薄层上，以打印横截面数据的方式逐层创建各部件，创建三维实体模型。采用这种技术打印成形的样品模型与实际产品具有同样的色彩，还可以将彩色分析结果直接描绘在模型上，模型样品所传递的信息量较大。

2.2.6 喷射成形工艺

喷射成形类似于喷墨打印机，通过喷嘴将液态成形材料选择性地喷出，逐层堆积形成三维结构。液态材料一般是光敏聚合物或蜡状材料，分别用于制作零件或消失模。在特定波长光的作用下，光敏聚合物可快速固化。大多数情况下，这种光是可见光或紫外光。

通常，材料喷射成形采用多排打印头来打印不同的材料。对于含有悬臂或中空特征的几何结构，需要打印两种材料：一种是成形材料，用于制造零件；另一种是支撑材料，用于同步制造支撑结构。支撑材料通常是水溶性的，将零件浸泡于水中即可快速去除支撑结构，如图 2-9 所示。

2.2.7　粘结剂喷射成形

粘结剂喷射成形的基本原理是先铺一薄层粉末材料，然后利用喷嘴选择性地在粉层表面喷射粘结剂，将粉末材料粘接在一起形成实体层，逐层粘接，最终形成三维零件。

它与材料喷射成形的不同之处在于需要先铺一层粉末，喷的是粘结剂而不是成形材料。它相对于材料喷射成形的优势是速度快，不需要支撑材料。

目前市面上唯一的全彩色3D打印机是美国Zcorp公司（已被美国的3D Systems公司收购）生产的粘结剂喷射成形设备Zprinter系列。全彩色的粘结剂喷射成形设备可单步快速地制造具有不同颜色图案、标识等视觉特征的装配体，如图2-10所示。

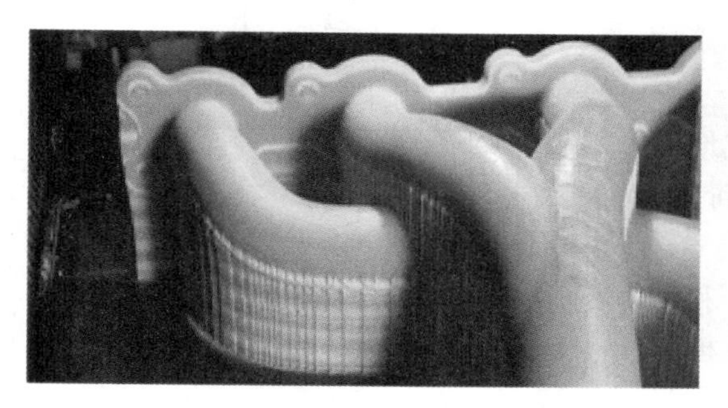

图2-9　水溶性支撑材料

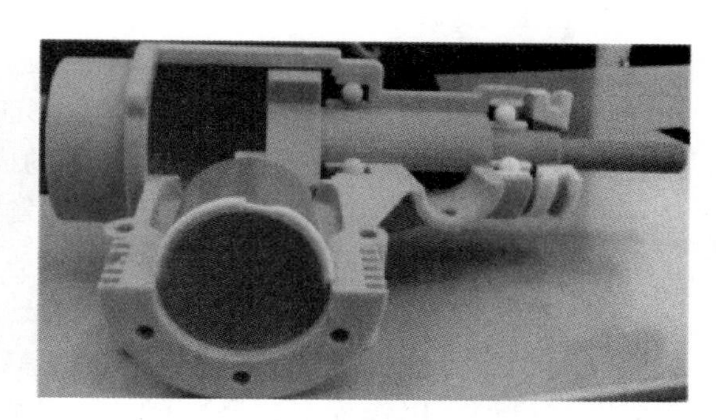

图2-10　粘结剂喷射彩色装配体

2.2.8　定向能量沉积成形

定向能量沉积成形（Direct Metal Deposition，简称DMD），相当于多层激光熔覆，利用激光或其他能源在材料从喷嘴输出时同步熔化材料，凝固后形成实体层，逐层叠加，最终形成三维实体零件，如图2-11所示。

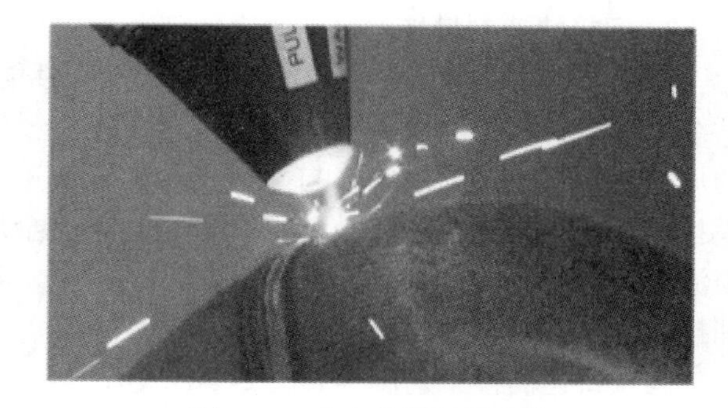

图2-11　定向能量沉积成形

DMD与FDM材料挤出成形相似，不同之处在于不是通过喷嘴熔化材料，而是当粉体或丝状材料被输送到金属基体上时才被激光等能源熔化。DMD最初用于在已有金属零件上增加新结构（如在平板上制造加强筋），或者快速修复金属零件的破损部位。

DMD的成形精度较低，但是成形空间不受限制，因而常用于制作大型金属零件的精密毛坯。

2.3　快速原型制造的应用

快速成形技术除了应用于快速制造模具之外，还应用于军事、航天、文物、考古、医学及工程等领域。

2.3.1 快速制模技术

RP 技术在模具制造中的应用称为快速制模技术。同传统的模具制造工艺方法相比，它的制造时间为传统工艺的1/10～1/3，而成本只有传统工艺的1/5～1/3，对于模具试制市场开发有着重要的意义。

快速模具制造技术可以分为直接制模技术和间接制模技术，主要用于注射模和铸型等的生产。把熔模铸造、喷涂法、陶瓷模法、研磨法、电铸法等转换技术与快速原型制造结合起来，就可以方便、快捷地制造出各种简易模具和永久性金属模具。

1. 直接快速制模技术

直接快速制模技术（Direct Rapid Tooling，简称DRT）是指用 SLS、FDM、LOM 等快速成形工艺方法直接制造出树脂模、陶瓷模或金属模等的成形方法。直接快速制模技术目前尚处于研究开发阶段，主要应用实例如下。

制造纸质模具或模样可以采用特殊的纸，利用快速成形工艺方法可以直接将模具的三维 CAD 模型制成纸质原型，用作模具，坚如硬木，并可承受200℃左右的温度，经过表面打磨处理可用作注射模。使用直接快速制模法制造模具的内腔，其硬度高于75HRC，如正确使用，可注射零件50000件以上，属于能直接用于批量生产的模具。

2. 间接快速制模技术

快速原型直接制造模具难于控制其精度和性能，后续处理需要的特殊设备与工艺使成本较高，模具的尺寸也受到较大的限制。与之相比，间接快速制模技术则是通过快速原型技术结合精密铸造、金属喷涂制模、硅橡胶模、电极研磨、粉末烧结等技术，间接制造出模具。

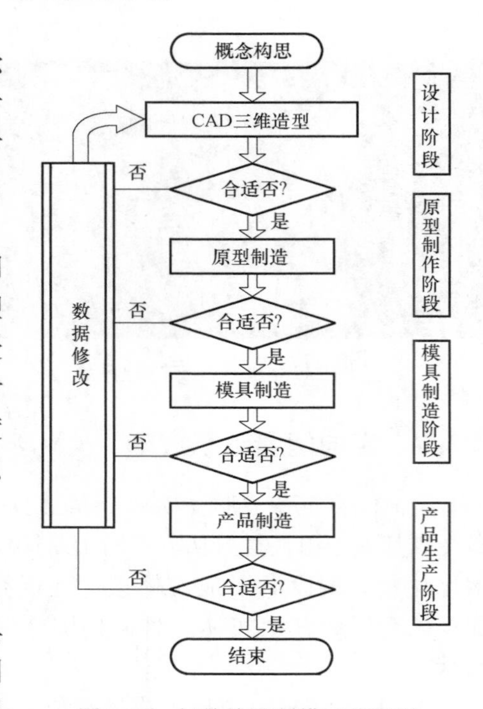

图2-12 间接快速制模工艺流程

间接快速制模工艺流程如图2-12所示。

随着原型制造精度的提高，各种间接快速制模工艺已基本成熟，其方法则根据零件生产批量大小而不同。常用的有硅橡胶模（50件以下）、环氧树脂模（400～800件）、金属冷喷涂模（3000件以下）、快速制作 EDM 电极加工钢模（5000件以上）等。其主要应用实例如下。

（1）硅橡胶模具的制作　利用纸质或树脂原型为母模，用硅橡胶制成的模具称为硅橡胶模。向模具型腔内浇入蜡、树脂、石膏等材料，待材料固化后即得到所需的制件。由于硅橡胶具有良好的柔性和弹性，对于结构复杂、花纹精细、无脱模斜度或者有倒脱模斜度及具有深凹槽的模具来说，制件浇注完成后均可在不损坏硅橡胶模的情况下直接取出，相对于其他材料制成的模具具有独特之处。硅橡胶模可广泛应用于结构复杂、式样变更频繁的各种家电、汽车、建筑、艺术、医学、航空、航天产品的制造，如精铸蜡模的制造、艺术品的仿制和生产样件的制备。在新产品试制或者单件小批量生产时，具有生产周期短、成本低、柔性好的优点。硅橡胶模成本低，制作过程简单，生产中不需要高压注射机等专门设备，脱模容易。

手机外壳橡胶模如图 2-13 所示。

电子产品注射模如图 2-14 所示。

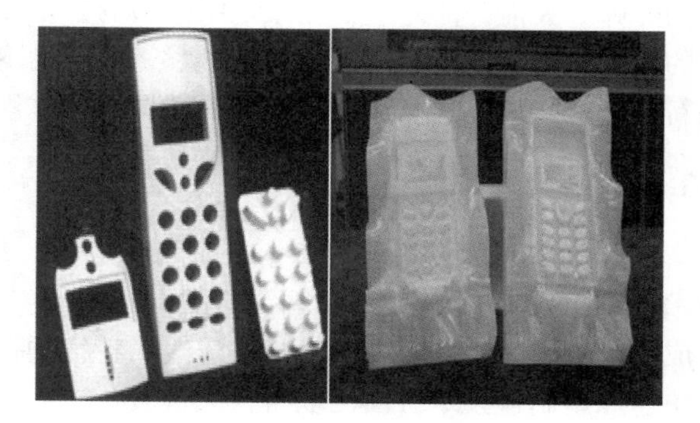

图 2-13 手机外壳橡胶模

（2）快速成形石墨电极　用电火花技术加工模具正成为一个常规技术，但是电火花电极的加工往往又成为生产过程中的“瓶颈”。现在快速成形技术已成功地应用于铜电极和石墨电极的制作，大大缩短了电极的加工时间，为快速制模提供了必要的条件。

石墨电极是电火花加工中常用的工具电极，它不仅具有良好的导电性和化学稳定性，而且还有耐腐蚀、受热膨胀小等优点。但是，用常规机械加工方法加工石墨电极经常产生崩碎现象，尤其是表面形状复杂、精细度高的石墨电极，采用常规机械加工方法加工更为困难，甚至无法加工。快速制造整体电火花石墨电极可避免以上不利的情况发生。

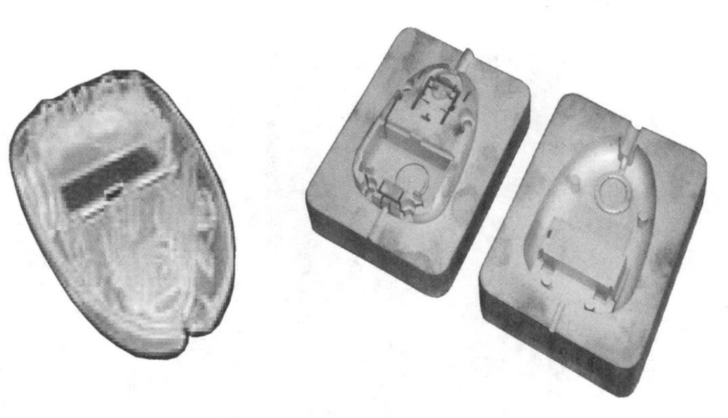

图 2-14 电子产品注射模

其具体加工过程是：由 RP 原型（阳模）直接复制出三维研具（阴模），再在石墨电极研磨机上用研具研磨出三维整体电极（阳模），从而加快了石墨电极的制造。加工损耗后的石墨电极，经短时间重新研磨可快速得到修复。该工艺尤其适用于具有自由曲面、不便于数控编程加工的石墨电极的制造。

应用案例

我国美的公司为参加国际订货会，设计了一款空调机，如果采用传统方法，仅模具制造费用就需 600 万元，不仅制造周期长，赶不上订货会，而且成本高。深圳市生产力促进中心采用 FDM 快速原型制造工艺，使用 ABS 塑料材料，仅用 20 天的时间就为美的公司制造出了全部外观件和内部结构件，不仅使该公司拿出样品及时参加国际订货会，得到订单，而且通过装配检验、功能试验发现了四处设计问题，为产品正式投产减少了设计、生产准备时间，节约了大量费用。

2.3.2 军事领域

快速原形制造技术在军事领域主要应用于军事卫星、航测数字图像处理和军事武器等。

如炸弹、火箭等的制造，三维地图模型的制作等。海湾战争期间，美军根据伊拉克地下掩体的深度和坚固性，利用与信息技术紧密结合的RPM技术，在不到一周的时间内，便完成了新型炸弹从设计、制造、装配到测试等的全过程，并空运至战场。

2.3.3 航天领域

空气动力学地面模拟试验（即风洞试验）是设计性能先进的航天飞机所必需的重要技术环节，采用RPM技术根据严格的CAD模型，由快速原型制造系统（RPS）就可以自动完成形状复杂、精度要求高且具有流线形特征的模型。我国“863”计划航天领域项目在应用快速原型制造技术方面已取得很大进展。

2.3.4 文物、考古等领域

这方面的应用包括工艺品、首饰、灯饰、家具、建筑装饰以及建筑和桥梁的外观设计、古建筑和文物的复原等，如图2-15所示。

图2-15 工艺品和恐龙架

2.3.5 医学领域

RPM在医学领域主要应用于头颅外科、牙科、人体器官、人造骨骼、辅助病理诊断、假肢、畸形修复等，如图2-16所示。

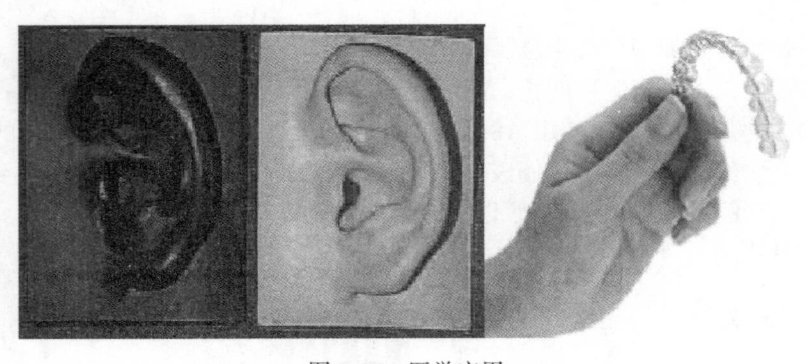

图2-16 医学应用

2.3.6 工程应用

VM 用于新产品的设计与试制，产品设计中的实际装配确认，产品的性能分析与试验等。

应用案例

美国 Sundstrand Aerospace 公司设计的飞机用发电机，由很大的箱体和装于其内的 1200 多个零件构成，仅箱体的工程图就有 50 多张，至少有 3000 多个尺寸，半个箱体的直径为 610 mm，高 305 mm。因为箱体的形状太复杂，不仅使设计校验十分困难，而且给制作铸造模样造成很大麻烦，按常规方法加工需要 3 ~ 4 个月，制造费用高达 8 万美元。后来决定采用快速原型制造技术研制，两周就获得了样件，6 周就做出了铸造用砂型，并制造出样品。通过对样品的形状、尺寸、装配关系等项目进行检查，重新完善了机械加工工艺设计、工模具校验和装配顺序设计。

应用链接

用快速原型技术制作三层空心小球如图 2-17 所示，采用的 HRPS-III 快速成形机（图 2-18），该成形机由计算机控制系统、主机和激光器、冷却器等基本部件组成，配备的软件是 HRPS2002，具有切片模块、数据处理、工艺规划和安全监控等功能。

图 2-17　三层空心小球

图 2-18　HRPS-III 快速成形机

（1）成形方法及步骤

1）利用 Pro/E 等软件绘制三层空心小球的三维 CAD 模型，并以 STL 格式文件输出。

2）快速成形机开机，输入小球的 STL 文件。

3）开启激光、振镜和风扇，将粉桶内的粉末装满，来回运动铺粉滚筒将粉层铺平、铺匀，如图 2-19 所示。

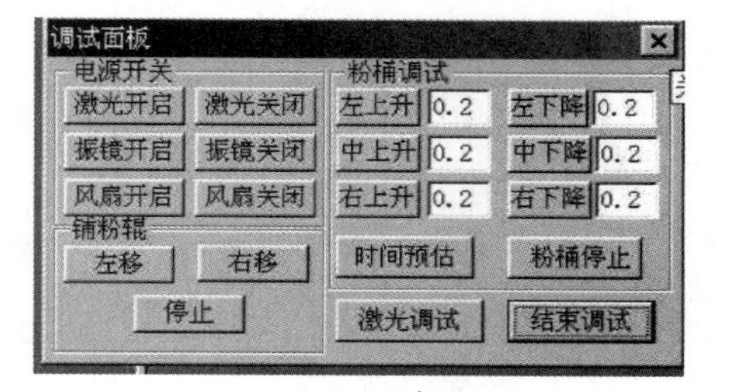

图 2-19　操作成形机

4）将粉末预热，中缸温度达到 95℃，左右两缸温度达到 85℃，预热 90min；设置激光功率 53%，扫描速度 2000mm/s，单层厚度 0.15mm，烧结间距 0.2mm，单击“多层制造”按钮，如图 2-20 所示。

5）烧结完成后将激光、振镜、风扇关闭，并保持小球在成形舱内缓慢冷却到室温。

（2）后处理步骤

1）待小球完全冷却后将其取出，用刷子和鼓风机将残余粉末清除干净。

2）将小球放在干燥箱内干燥30min，干燥箱温度设为40℃。

3）配置环氧树脂溶胶。

4）将混合物搅拌均匀，用小刷子蘸取溶胶均匀涂敷在小球上，保证小球被渗透，涂敷完全。

5）将小球放在空气中20min，然后将小球放入干燥箱内30min，干燥箱温度设置为100℃。

6）从干燥箱内取出小球，在空气中缓慢冷却，操作结束。

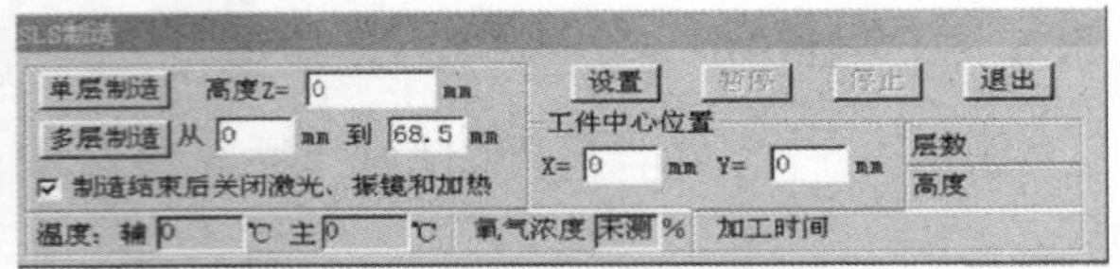

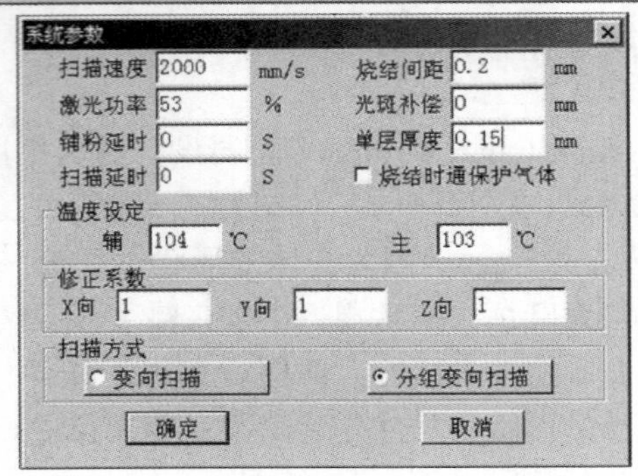

图2-20　参数设置

思考与练习题

1-1　RP是什么？其特点有哪些？

1-2　简述各种快速成形工艺的原理。

1-3　RPM的应用有哪些？

1-4　为何在模具制造业中RP的应用较多？

1-5　你能简单描述RP零件图形处理的过程吗？

1-6　请上网查询RP技术的典型应用案例。

1-7　请填写图2-21所示各设备的简称。

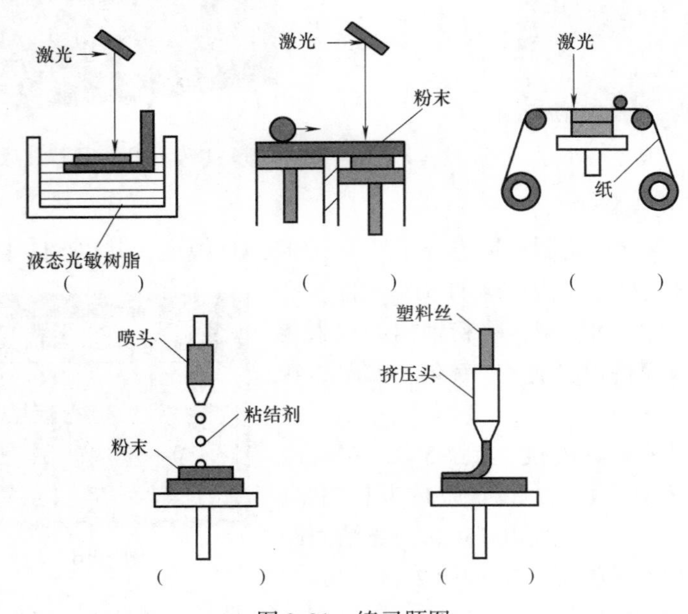

图2-21　练习题图

第3章 增材制造技术

学习目标

初步掌握增材制造技术的概念、分类、关键技术及发展；了解3D打印技术及其应用。

自20世纪80年代中期诞生快速成形技术以后，随着相关技术的不断突破、更多产品研发并投入使用，逐步形成新的增材制造（Additive Manufacturing，简称AM）技术体系，而其中“三维打印（3D Printing）”尤其受到社会的广泛关注，被认为是制造领域的一次重大突破，甚至被媒体誉为是会带来“第三次工业革命”的新技术。

3.1 增材制造技术概述

增材制造技术诞生于20世纪80年代后期的美国。一开始，增材制造技术的诞生源于模型快速制作的需求，所以经常被称为“快速成形”技术。历经30年日新月异的技术发展，增材制造已从概念沟通模型的快速成形发展到了覆盖产品设计、研发和制造的全部环节的一种先进制造技术，已远非当初的快速成形技术可比。

3.1.1 概述

1. 概念

增材制造与传统的材料“去除型”加工方法截然相反，它通过增加材料、基于三维CAD模型数据，通常采用逐层制造方式，直接制造与相应数学模型完全一致的三维物理实体模型。

增材制造的概念有“广义”和“狭义”之分，如图3-1所示。

“广义”的增材制造以材料累加为基本特征，是以直接制造零件为目标的大范畴技术群；而“狭义”的增材制造是指不同的能量源与CAD/CAM技术结合、分层累加材料的技术体系。

目前，出现了许多令人眼花缭乱的多种称谓，如快速成形（Rapid Proto-typing）、直接数字制造（Direct Digital Manufacturing）、增材制造（Additive Fabrication）、三维打印（3D-Printing）、实体自由制造（Solid Free-form Fabrication）、增层制造（Additive Layer Manufacturing）

等。2009 年美国 ASTM 专门成立了 F42 委员会，将各种 RP 统称为“增量制造”技术，在国际上取得了广泛认可与采纳。

2. 原理与分类

实际上，日常生产、生活中类似“增材”的例子很多，例如，机械加工的堆焊、建筑物（楼房、桥梁、水库大坝等）施工中的混凝土浇筑、元宵制法滚汤圆、生日蛋糕与巧克力造型等。

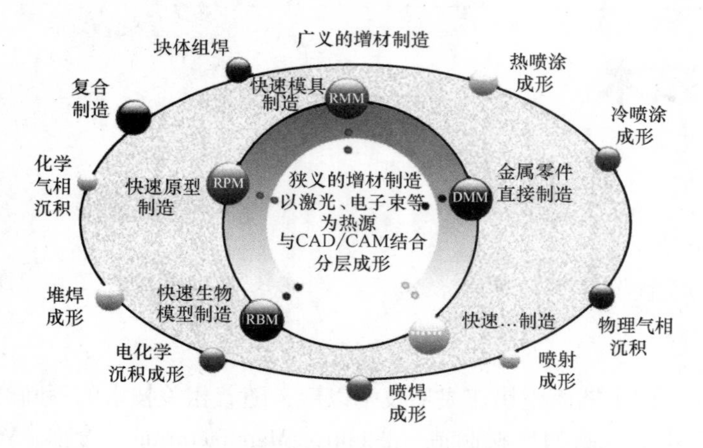

图 3-1　增材制造的概念

增材制造的基本原理，如图 3-2 所示，首先将三维 CAD 模型模拟切成一系列二维的薄片状平面层，然后利用相关设备分别制造各薄片层，与此同时将各薄片层逐层堆积，最终制造出所需的三维零件。

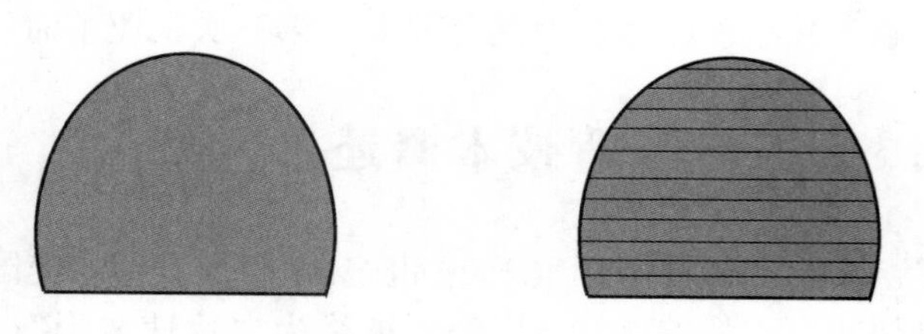

图 3-2　增材制造的基本原理

如果按照加工材料的类型和方式分类，增材制造又可分为金属成形、非金属成形、生物材料成形等，如图 3-3 所示。

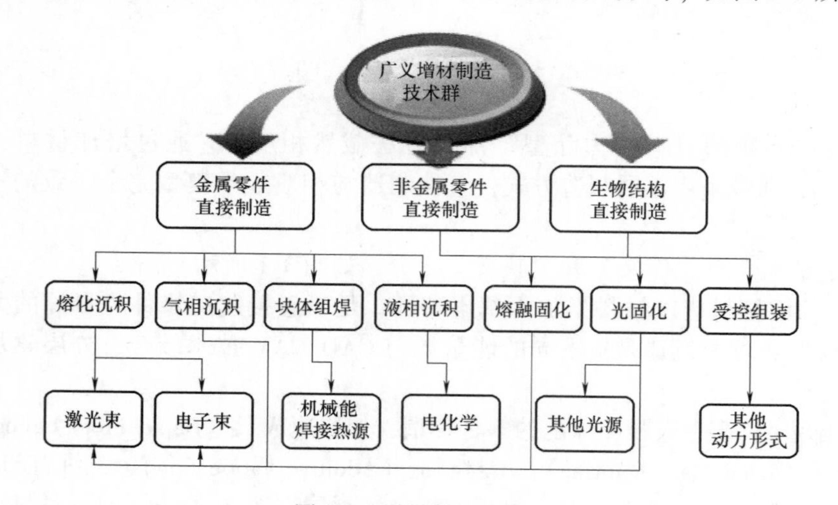

图 3-3　增材制造的分类

按照技术种类划分，增材制造则有喷射成形、粘结剂喷射成形、光敏聚合物固化成形、材料挤出成形、激光粉末烧结成形和定向能量沉积成形等。

激光增材制造是通过计算机控制，以高功率或高亮度激光为热源，用激光熔化金属合金粉末或丝材，并跟随激光有规则地在金属材料上游走，逐层堆积直接“生长”，直接制造出任意复杂形状的零件，其实质就是 CAD 软件驱动下的激光三维熔覆过程，其典型过程如图 3-4 所示。

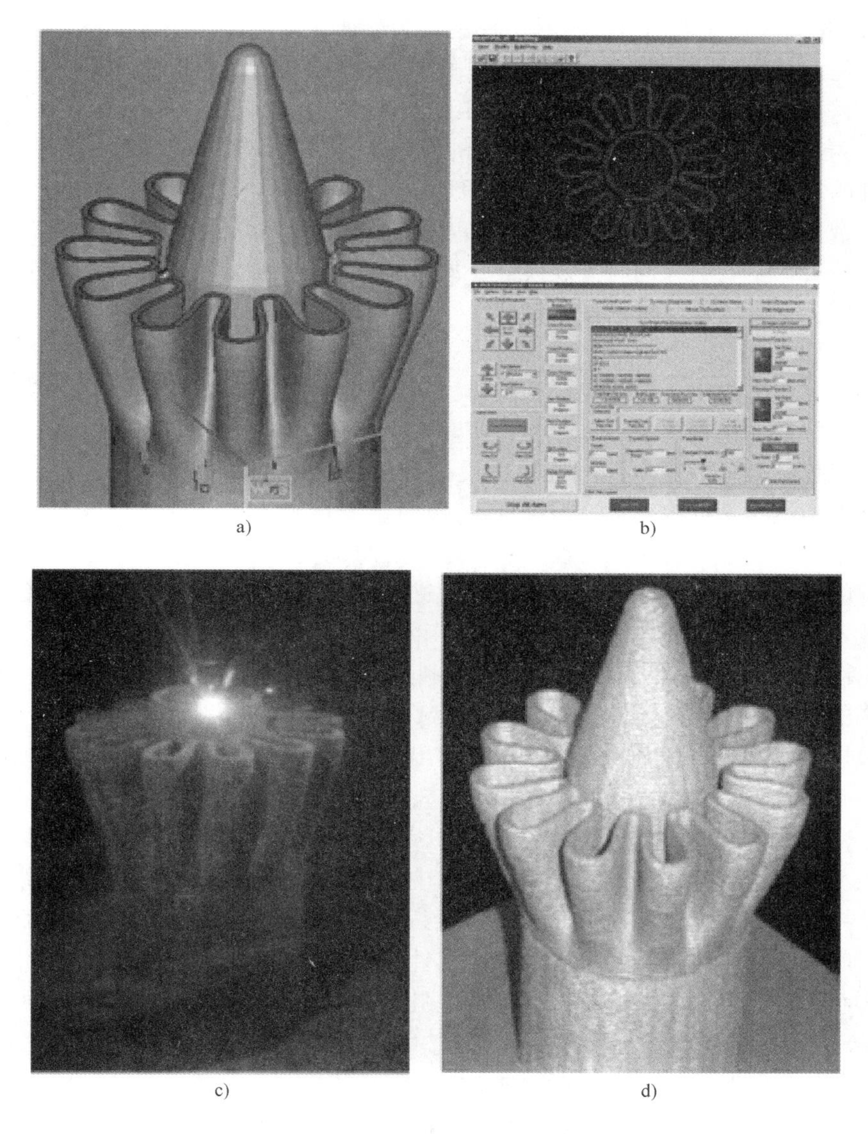

图 3-4　金属零件激光增材制造的典型过程

a）CAD 模型　b）分层及扫描路径规划　c）沉积　d）零件

电弧增材制造是采用电弧送丝增材制造方法进行每层环形件焊接，即送丝装置送焊丝，焊枪熔化焊丝进行焊接，由内至外的环形焊道间依次搭接形成一层环形件，然后焊枪提高一个层厚，重复上述焊接方式，再形成另一层环形件，如此往复，最终由若干层环形件叠加形成钛合金结构件。

3. 技术优势

AM技术综合了机械工程、CAD、逆向工程技术、分层制造技术、数控技术、材料科学、激光技术等多项高技术的优势，可以使设计师快速地将设计思想物化成三维实体，从而为零件原型制作、装配、功能测试、新设计思想的校验等方面，提供了一种非常有效的优化设计手段，并能够在正式投产前及时发现并快速低成本地改正设计错误。

AM技术不需要传统的刀具、夹具、模具及多道加工工序，在一台设备上就可以快速精密地制造出任意复杂形状的零件，从而实现了零件“自由制造”，解决了许多复杂结构零件的成形难题，并且能简化工艺流程，减少加工工序，缩短加工周期。

AM技术能够满足航空武器等装备研制的低成本、短周期需求。据统计，我国大型航空钛合金零件的材料利用率非常低，平均不超过10%；同时，模锻、铸造还需要大量的工装模具，由此带来研制成本的上升。通过高能束流增量制造技术，可以节省材料2/3以上，数控加工时间减少一半以上，同时无须模具，从而能够将研制成本尤其是首件、小批量的研制成本大大降低，节省国家宝贵的科研经费。

AM技术有助于促进设计-生产过程从平面思维向立体思维的转变。传统制造思维是先从使用目的形成三维构想，转化成二维图样，再制造成三维实体。在空间维度转换过程中，差错、干涉、非最优化等现象一直存在，而对于极度复杂的三维空间结构，无论是三维构想还是二维图纸化已十分困难。计算机辅助设计（CAD）为三维构想提供了重要工具，但虚拟数字三维构型仍然不能完全推演出实际结构的装配特性、物理特征、运动特征等诸多属性。采用增量制造技术，实现三维设计、三维检验与优化，甚至三维直接制造，可以摆脱二维制造思想的束缚，直接面向零件的三维属性进行设计与生产，大大简化设计流程，从而促进产品的技术更新与性能优化。

AM技术能够改造现有的技术形态，促进制造技术提升。利用增量制造技术提升现有制造技术水平的典型的应用是铸造行业。利用AM制造蜡模可以将生产率提高数十倍，而产品质量和一致性也得到大大提升，可以三维打印出用于金属制造的砂型，大大提高了生产率和质量。

AM技术特别适合于传统方法无法加工的极端复杂几何结构。AM除了可以制造超大、超厚、复杂型腔等，还有一些具有复杂外形的中小型零件，如带有空间曲面及密集复杂孔道的结构等，用其他方法很难制造，而通过高能束流增量制造技术，可以节省材料2/3以上，数控加工时间减少一半以上，甚至可以实现零件的净成形，仅需抛光即可装机使用。零件尺寸越小、形状结构越复杂，AM技术的优势越明显。对于生产批量小于10万件的小型复杂塑料件，SLS等AM技术比注射模具更具优势。

AM技术非常适合于小批量复杂零件或个性化产品的快速制造。目前AM已成功应用于航空航天系统，如空间站、微型卫星、F-18战斗机、波音787飞机和个性化牙齿矫正器与助听器等。

AM技术特别适合各种设备备件的生产与制造。对于已经停产的零部件，可以利用逆向工程技术快速得到相应的三维CAD模型，然后利用AM快速制造出所需的备件。这种应用正在逐年大幅增加，对于数十年前建造的汽车、飞机、国防及其他设备而言，没有CAD图样和相应工模具，甚至设备供应商有可能已经倒闭，相关设备备件已无法获得，在此情况下

AM 不失为一种非常理想的技术手段。

3.1.2 关键技术

增材制造技术的成熟度还远不能与传统的金属切削、铸造、锻造、焊接、粉末冶金等制造技术相比，它涉及从科学基础、工程化应用到产业化生产的质量，诸如激光成形专用合金体系、零件的组织与性能控制、应力变形控制、缺陷的检测与控制、先进装备的研发等大量研究工作。

1. 材料单元的控制技术

增材制造的精度取决于增加的材料层厚以及增材单元的尺寸和精度控制。增材制造与切削制造的最大不同是材料需要一个逐层累加的系统，因此再涂层（recoating）是材料累加的必要工序，再涂层的厚度直接决定了零件在累加方向的精度和表面粗糙度，增材单元的控制直接决定了制件的最小特征制造能力和制件精度。例如，采用激光束或电子束在材料上逐点形成增材单元进行材料累加制造的金属直接成形中，激光熔化的微小熔池的尺寸和外界气氛控制，直接影响制造精度和制件性能。

未来将发展两个关键技术：一是金属直接制造中控制激光光斑更细小，逐点扫描方式使增材单元能达到微纳米级，提高制件精度；二是光固化成形技术的平面投影技术，投影控制单元随着液晶技术的发展，分辨率逐步提高，增材单元更小，可实现高精度和高效率制造。发展目标是实现增材层厚和增材单元尺寸减至现在的1/100～1/10，从现有的0.1mm级向0.01～0.001mm发展，制造精度达到微纳米级。

2. 设备的再涂层技术

由于再涂层的工艺方法直接决定了零件在累加方向的精度和质量，因此增材制造的自动化涂层是材料累加的必要工序之一。目前，分层厚度向0.01mm发展，而如何控制更小的层厚及其稳定性是提高制件精度和降低表面粗糙度值的关键。

3. 高效制造技术

增材制造正在向大尺寸构件制造技术发展，需要高效、高质量的制造技术支撑，如金属激光直接制造飞机上的钛合金框梁结构件。框梁结构件长度可达6m，目前制作时间过长，如何实现多激光束同步制造、提高制造效率、保证同步增材组织之间的一致性和制造结合区域质量是发展的关键技术。此外，为提高效率，增材制造与传统切削制造结合，发展增材制造与材料去除制造的复合制造技术是提高制造效率的关键技术。

为实现大尺寸零件的高效制造，发展增材制造多加工单元的集成技术。如对于大尺寸金属零件，采用多激光束（4～6个激光源）同步加工，可提高制造效率，成形效率提高10倍。对于大尺寸零件，可研究增材制造与切削制造结合的复合关键技术，发挥各工艺方法的优势，提高制造效率。

增材制造与传统切削制造也可以相结合，提高制造的效率，发展材料累加制造与材料去除制造复合制造技术方法也是发展的方向和关键技术。例如，知名数控机床制造商赫克（Hurco）公司已经开发出一种增材制造适配器，与赫克控制软件相结合，可以把一台数控铣床变成3D打印机。用户可以在同一台机器上完成打印和从塑料原型到金属零部件成品的过程，无须反复设置调校，也不用浪费昂贵的金属和原材料制作多个原型，如图3-5所示。

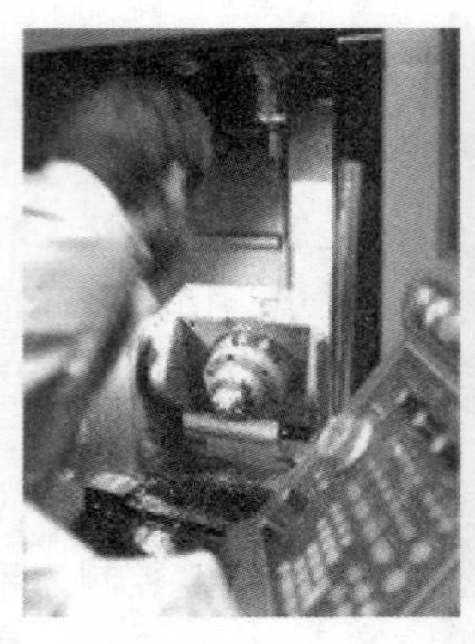

图 3-5　数控铣床结合 3D 打印

4. 复合材料制造技术

现阶段增材制造主要是制造单一材料的零件，如单一高分子材料和单一金属材料，目前正在向单一陶瓷材料发展。随着零件性能要求的提高，复合材料或梯度材料零件成为迫切需要发展的产品。如人工关节未来需要 Ti 合金和 CoCrMo 合金的复合，既要保证人工关节具有良好的耐磨界面（CoCrMo 合金保证），又要与骨组织有良好的生物相容界面（Ti 合金保证），这就需要人工关节具有复合材料结构。由于增材制造具有微量单元的堆积过程，每个堆积单元可通过不断变化材料实现一个零件中不同材料的复合，实现控形和控性的制造。

未来将发展多材料的增材制造，多材料组织之间在成形过程中的同步性是关键技术。如不同材料如何控制相近的温度范围进行物理或化学转变，如何控制增材单元的尺寸和增材层的厚度。这种材料的复合，包括金属与陶瓷的复合、多种金属的复合、细胞与生物材料的复合，为实现宏观结构与微观组织一体化制造提供新的技术。

3.1.3　应用与发展

1. 产业及应用

经过近 30 年的发展，增材制造经历了从萌芽到产业化、从原型展示到零件直接制造的过程，发展十分迅猛。美国专门从事增材制造技术咨询服务的 Wohlers 协会在 2012 年度的报告中，对各行业的应用情况进行了分析。在过去的几年中，航空零件制造和医学应用是增长最快的应用领域。2013 年，世界 3D 打印行业的市场规模大概在 200 亿元，中国约为 20 亿元，预计 2019 年将达到 60 亿美元。

以激光束、电子束、等离子或离子束为热源，加热材料使之结合、直接制造零件的方法，称为高能束流快速制造，它是增材制造领域的重要分支，在工业领域最为常见。在航空航天工业的增材制造技术领域，金属、非金属或金属基复合材料的高能束流快速制造是当前发展最快的研究方向。增材制造技术正处于发展期，具有旺盛的生命力，还在不断发展，应用领域也将越来越广泛。

2. 发展及其趋势

欧美发达国家纷纷制定了发展和推动增材制造技术的国家战略和规划，增材制造技术已受到美国、英国、德国、法国、澳大利亚等一些发达国家政府、研究机构、企业和媒体的广泛关注，正积极采取措施，推动增材制造技术的发展。例如，2012 年 3 月，美国白宫宣布了振兴美国制造的新举措，投资10亿美元帮助美国制造体系的改革。其中，实现该项计划的三大背景技术包括了增材制造，强调了通过改善增材制造材料、装备及标准，实现创新设计的小批量、低成本数字化制造。2011年开始，英国政府持续增大对增材制造技术的研发经费。英国工程与物理科学研究委员会中设有增材制造研究中心，参与机构包括拉夫堡大学、伯明翰大学、英国国家物理实验室、波音公司以及德国EOS公司等15家知名大学、研究机构及企业。

我国科技部于2012年4月公布了《国家高技术研究发展计划（863计划）、国家科技支撑计划制造领域2014年度备选项目征集指南》（以下简称《指南》），着重列出了如下四个研究方向：第一、面向航空航天大型零件激光熔化成形装备的研制及应用；第二、面向复杂零部件模具制造的大型激光烧结成形装备的研制及应用；第三、面向材料结构一体化复杂零部件高温高压扩散连接设备的研制与应用；第四、基于3D打印制造技术的家电行业个性化定制关键技术的研究及应用示范。《指南》中指出，要聚焦航空航天、模具领域的需求，突破3D打印制造技术中的核心关键技术，研制重点装备产品，并在相关领域开展验证，初步具备开展全面推广应用的技术、装备和产业化条件。

西北工业大学凝固技术国家重点实验室已经建立了系列激光熔覆成形与修复装备，可满足大型机械装备的大型零件及难拆卸零件的原位修复和再制造。实现了诸如C919飞机大型钛合金复杂薄壁结构件的精密成形技术，相比现有技术可大大加快制造效率和精度，显著降低生产成本。

北京航空航天大学在金属直接制造方面开展了长期的研究工作，突破了钛合金、超高强度钢等难加工大型整体关键构件激光成形工艺、成套装备和应用关键技术，解决了大型整体金属构件激光成形过程零件变形与开裂的“瓶颈难题”和内部缺陷与内部质量控制及其无损检测关键技术，并在大型客机C919等多型重点型号飞机研制生产中得到应用。

西安交通大学以研究光固化快速成形（SL）技术为主，于1997年研制并销售了国内第一台光固化快速成形机，并分别于2000年、2007年成立了教育部快速成形制造工程研究中心和快速制造国家工程研究中心，建立了一套支撑产品快速开发的快速制造系统，研制、生产和销售多种型号的激光快速成形设备、快速模具设备和三维反求设备，产品远销印度、俄罗斯、肯尼亚等国，成为具有国际竞争力的快速成形设备制造单位。

我国在电子、电气增材制造技术上也取得了重要进展。电子电器领域增材技术是建立了现有增材技术之上的一种绿色环保型电路成形技术，有别于传统二维平面型印制电路板，称为立体电路技术（SEA，SLS + LDS）。

AM已成为先进制造技术的一个重要的发展方向，其未来发展趋势：一是复杂零件的精密铸造技术应用；二是金属零件直接制造方向发展，制造大尺寸航空零部件；三是向组织与结构一体化制造发展。

应用案例

飞机钛合金大型关键构件的传统制造方法是锻造和机械加工。其基本加工流程是先将模具加工出来后，再锻造出大型结构件的毛坯，然后再继续加工各部位的细节，最后成形时几乎90%的材料都被切削、浪费掉了。例如，美国F22战斗机的钛合金整体框，面积为5.53m^2，而传统300MN水压机模锻件只能达到0.8m^2，800MN水压机也只能达到4.5m^2。

而800MN水压机的投入就超过10亿美元，整个工序下来，耗时费力，总花费会高达几十亿美元，光大型模具的加工就要用一年以上的时间。战斗机钛合金整体框的水压机成形模具如图3-6所示。

而增材制造技术则颠覆了这一观念，无需原坯和模具，就能直接根据计算机图形数据，通过一层层增加材料的方法直接造出任何形状的物体，这不仅缩短了产品研制周期、简化了产品的制造程序，提高了效率，而且大大降低了成本。中国尖端战机歼-15、歼-20、“鹘鹰”飞机（歼-31）等的研制均受益于增材制造技术，如图3-7所示。

图3-6　战斗机钛合金整体框的水压机成形模具

作为我国自行设计研制的首型舰载多用途战斗机，歼-15可以说是高起点、高起步，从一无所有一下子跨越到第三代战斗机的舰载机，达到了美国最先进的第三代舰载机“大黄蜂”的技术水准。2012年11月，歼-15舰载机在中国首艘航母“辽宁舰”成功起降。

图3-7　歼-15与歼-31飞机

目前，中国已具备了使用激光成形超过12m^2的复杂钛合金构件的技术和能力，成为目前世界上唯一掌握激光成形钛合金大型主承力构件制造、应用的国家。在解决了材料变形和缺陷控制的难题后，中国生产的钛合金结构部件迅速成为中国航空力量的一项独特优势。目前，中国先进战机上的钛合金构件所占比例已超过20%。

3.2 3D打印技术

作为增材制造技术中社会关注度最高的3D打印技术，实际上是一系列快速原型成形技术的统称。其技术类型可分为3DP技术、FDM熔融沉积成形技术、SLA立体平版印刷技术、SLS选区激光烧结、DLP激光成形技术和UV紫外线成形技术等。

3.2.1 概述

3D打印技术是一种以数字模型文件为基础，运用粉末状金属或塑料等可粘合材料，通过逐层打印的方式来构造物体的技术。之所以叫“打印机”，是因为它与普通打印机的工作原理基本相同，借鉴了打印机的喷墨技术，只不过，普通的打印机是在纸上喷一层墨粉，形成二维（2D）文字或图形，而3D打印喷出的不是墨粉，而是融化的树脂、金属或者陶瓷等“印材料”，打印机内装有液体或粉末等，与计算机连接后，通过计算机控制把“打印材料”一层层叠加起来，则能“打”出三维的立体实物来。

一般情况下，每一层的打印过程分为两步：首先在需要成形的区域喷洒一层特殊胶水，胶水液滴本身很小，且不易扩散；然后喷洒一层均匀的粉末，粉末遇到胶水会迅速固化粘接，而没有胶水的区域仍保持松散状态。这样在一层胶水一层粉末的交替下，实体模型将会被“打印”成形，打印完毕后只要扫除松散的粉末即可“刨”出模型，而剩余粉末还可循环利用。

打印耗材由传统的墨水、纸张转变为胶水、粉末，当然胶水和粉末都是经过处理的特殊材料，不仅对固化反应速度有要求，对于模型强度以及“打印”分辨率都有直接影响。3D打印技术能够实现600像素分辨率，每层厚度只有0.01mm，即使模型表面有文字或图片也能够清晰打印。受到打印原理的限制，打印速度势必不会很快，较先进的产品可以实现25mm/h高度的垂直速率，相比早期产品有10倍提升，而且可以利用有色胶水实现彩色打印，色彩深度高达24位。

3D打印除了可以表现出外形曲线上的设计，结构以及运动部件也不在话下。由于其打印精度高，打印出的模型品质不错。如果用来打印机械装配图，齿轮、轴承、拉杆等都可以正常活动，腔体、沟槽等形态特征位置准确，甚至可以满足装配要求，打印出的实体还可通过打磨、钻孔、电镀等方式进行进一步加工。同时，粉末材料不限于砂型材料，还有弹性伸缩、高性能复合、熔模铸造等其他材料可供选择。

知识链接

3D打印发展简史

1984年，美国开发出了从数字数据打印出3D物体的技术，并在两年后开发出第一台商业3D打印机。

1986年，Charles Hull开发了第一台商业3D印刷机。

1993年，麻省理工学院获3D印刷技术专利。

1995年，美国ZCorp公司从麻省理工学院获得唯一授权并开始开发3D打印机。

2005年，市场上首个高清晰彩色3D打印机Spectrum Z510由ZCorp公司研制成功。

2010年11月，世界上第一辆由3D打印机打印而成的汽车Urbee问世。

2011年7月，英国研究人员开发出世界上第一台3D巧克力打印机。

2011年8月，南安普敦大学的工程师们开发出世界上第一架3D打印的飞机。

2012年11月，苏格兰科学家利用人体细胞首次用3D打印机打印出人造肝脏组织。

2013年，3D MicroPrint通过微激光烧结技术打印纳米级金属零件。

3.2.2 3D打印的应用

1. 军事领域应用

3D打印技术在军事战略方面拥有巨大的潜能，许多军用产品是高价值、复杂和少量生产或定制的，需要持续更换零件，如无人驾驶飞行器（无人机）、军人的轻重量装备和盔甲、便携式电源设备、通信设备、地面机器人等，这些部件将最有机会转化为3D打印制造方式。预计在未来10~12年内，军方将会成为3D打印技术的主要使用者之一。

例如，美国航空航天国防武器装备使用激光直接沉积增材制造已在武装直升机、AIM导弹、波音7X7客机、F/A-18E/F、F22战机等方面均有实际应用。而我国歼-15舰载机等新研制的机型，也广泛使用了3D打印技术制造钛合金主承力部分，包括整个前起落架。飞机钛合金主承力结构件如图3-8所示。

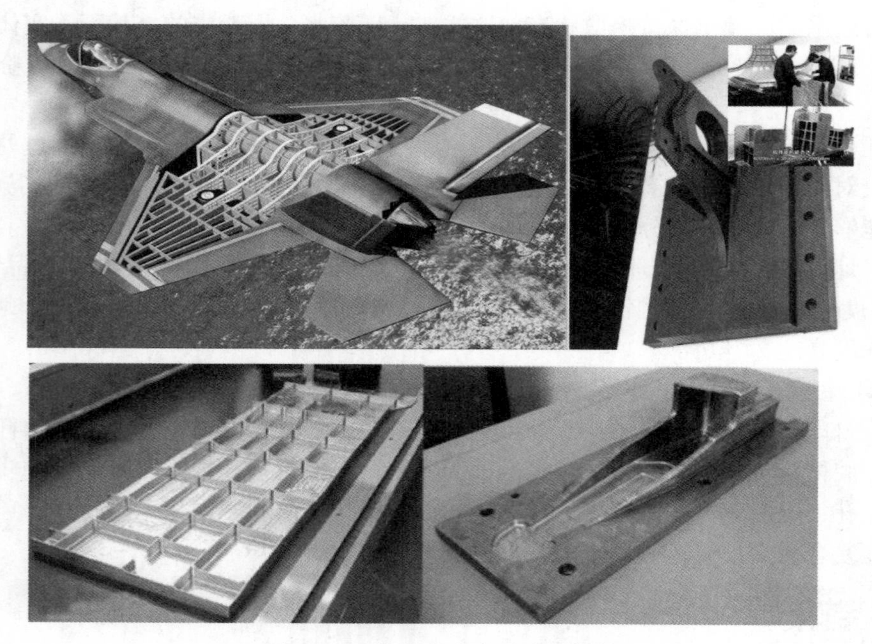

图3-8　飞机钛合金主承力结构件

由于工作环境恶劣，飞机结构件、发动机零部件、金属模具等高附加值零部件往往因磨损、高温气体冲刷烧蚀、高低周疲劳、外力破坏等导致局部破坏而失效。这些零部件如果报废，将使制造、使用方受到巨大的经济损失。激光直接沉积技术因激光的能量可控性、位置可达性高等特点逐渐成为其关键修复技术。激光直接沉积技术的典型应用如图3-9所示。

2. 航空航天领域

航空航天业获得重量轻、强度大、可靠性好等的苛刻要求，为大幅提升AM技术性能指

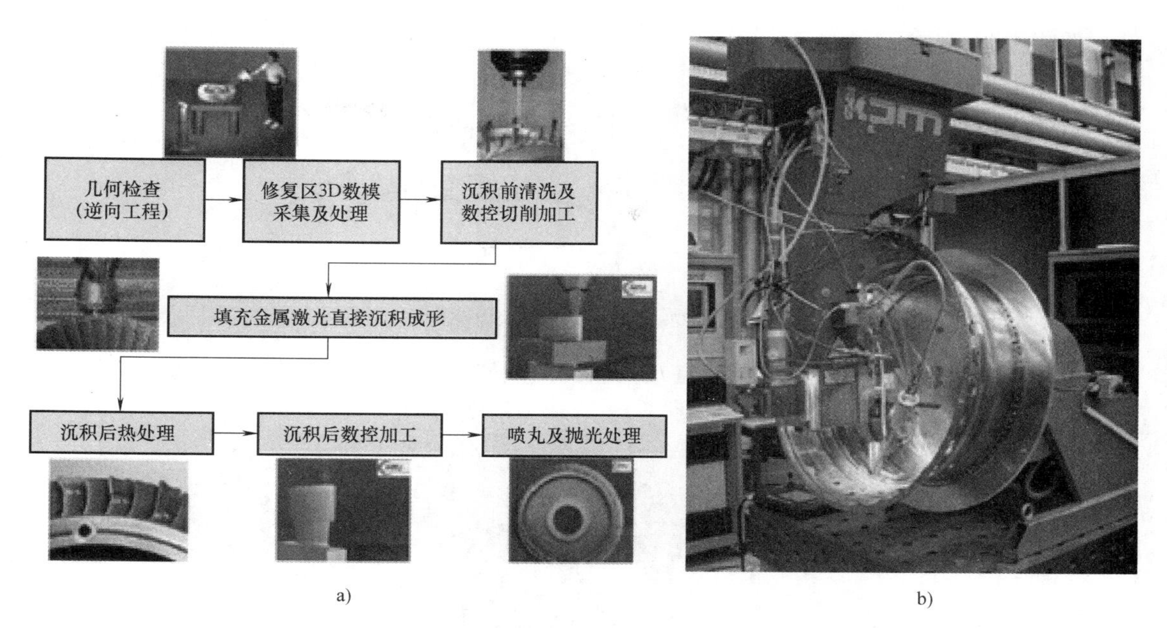

a)　　b)

图 3-9　激光直接沉积技术的典型应用

a）内壁修复　b）整体叶盘修复

标提供了很好的客观环境。例如，在航空发动机领域，从购买原材料到最终加工成零部件，如使用传统制造技术，材料的利用率有的仅为 10% ~20%，很多贵重金属材料都被切成废屑，浪费了原材料、刀具、工时和能源；如使用增材制造技术，理论上可以实现材料的100%利用。3D 技术可以加工复杂零部件，且更省材料、时间和能源。因此，增材制造技术在航空航天、大型舰船维护等“高精尖”领域很有优势。3D 打印的航空发动机燃烧室及燃油喷油器如图 3-10 所示。

图 3-10　发动机燃烧室及燃油喷油器

目前，金属零件激光增材制造技术已取得应用性突破，如航空制造所需的大量的小批量塑料件低成本地快速制造等。预计，各种 3D 打印的金属部件将在未来 10 年内成为飞行器的通用配置。

据国外媒体报道，“太空制造”公司与美国宇航局马歇尔太空飞行中心建立合作关系，共同完成 3D 打印零重力试验（简称 3D 打印试验）。2014 年 8 月，这台 3D 打印机将连同太空货物由 SpaceX 飞行器携带升空抵达国际空间站，3D 打印设计蓝图可从空间站计算机中预先载入或者从地面上行传输。这种 3D 打印技术将使人们的太空生活更加简单便捷，成本降低，空间站超过 30% 的零部件都可以通过这台 3D 打印机制造。

波音公司的军民项目、无人飞机的研发阶段都采用 AM 轻量化的高度集成系统和承力部件，如图 3-11 所示。

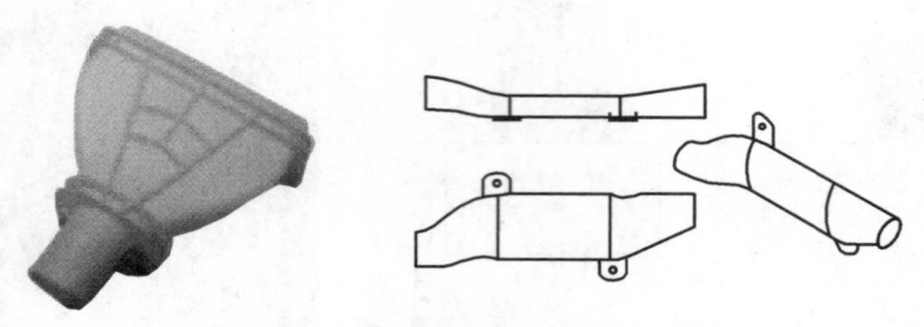

图 3-11　集成系统和承力部件

基于 AM 的复杂结构性能分析正在成为新的热点研究领域，正在催生一种可用于复杂结构设计和性能预测分析的软件工具，图 3-12 所示为桁架结构。

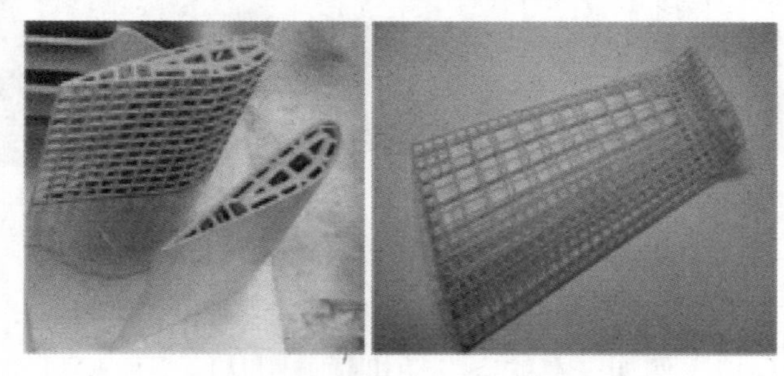

图 3-12　桁架结构

3. 医疗领域

目前，3D 打印已成功应用于定制植入物、假体和组织支架。SLS 选区激光烧结、SLM 选区激光熔融和 EBM 电子束熔融三种 AM 技术在欧洲和美国获得了医用许可，主要有两类医用材料，坚固耐用的塑料和具有生物兼容性的金属材料，如医用级 TC4 钛合金和 Co-Cr 合金，如图 3-13 所示。

在欧洲，每年有超过 15000 个病人接受了基于 SLS/SLM 的个性化定制医疗服务，而细胞和蛋白质的生物增材制造（BAM）技术也在研究之中。随着现代生物学和 BAM 技术的进步，功能性组织可以在未来 10 年内采用 BAM 技术制造，15 年内可能会出现器官打印。

例如，牙科矫形和修复，快速制造隐形牙齿矫正器，快速个性化定制种植牙的金属基体，如图 3-14 所示。

图 3-13　医用钛合金

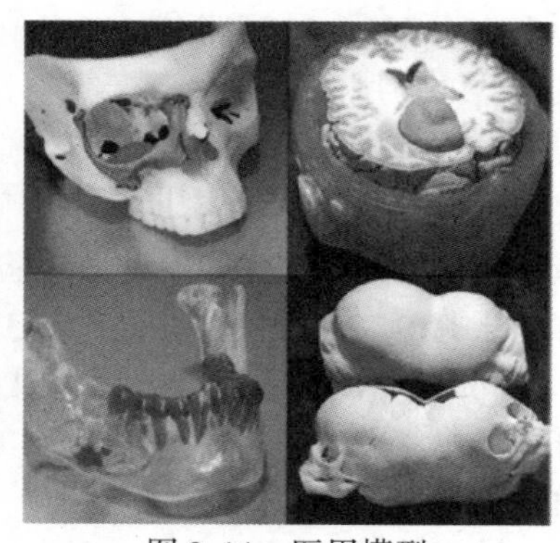

图 3-14　医用模型

快速制造具有各种内部复杂结构的人体解剖模型，用于医学教育的直观讲解，如图3-15所示。

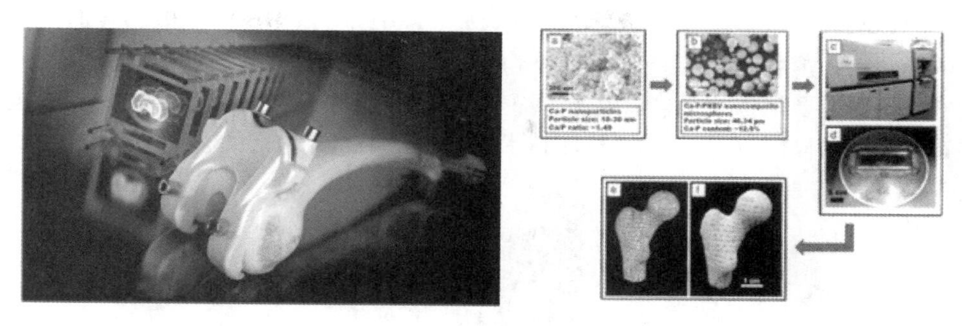

图3-15　医用模型

4. 车辆制造领域

3D打印在交通工具零部件制造中的使用机会巨大，尤其适用于生产高端的专业级小型汽车零部件。由于可以免去模具等工装制作成本，缩短开发周期，故3D打印技术也非常适合汽车零部件研发过程中小批量产品的制作。

据报道，2014年9月3D打印的汽车如图3-16所示。这辆汽车只有40个零部件，制造它花费了44h，最低售价1.1万英镑。

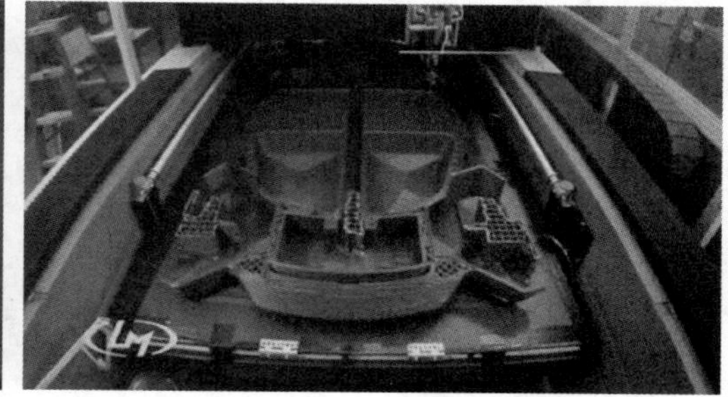

图3-16　3D打印汽车

5. 在建筑领域的应用

据报道，2014年8月21日，采用超大型3D打印机打印的10幢3D打印建筑在上海张江高新青浦园区内正式交付使用，建筑过程仅花费24h，如图3-17所示。

图3-17　3D打印建筑

6. 电子产品

3D 电路已经被证明可以实现传统印制电路板的类似功能。这种环绕在电子产品轮廓外围的 3D 电路结构，有助于设计产品的最佳造型，不需要再像传统印制电路板那样，为了适应产品的外观而在形状和大小上受限。3D 电路未来的进一步发展将更有吸引力，所有的便携式电子设备将需要配备一个自给电源，而发电设备使用碳氢燃料将比目前使用电化学反应的方式具有更高的储能效率——3D 打印技术非常适合于制造这样的小尺寸发电设备。3D 电路如图 3-18 所示。

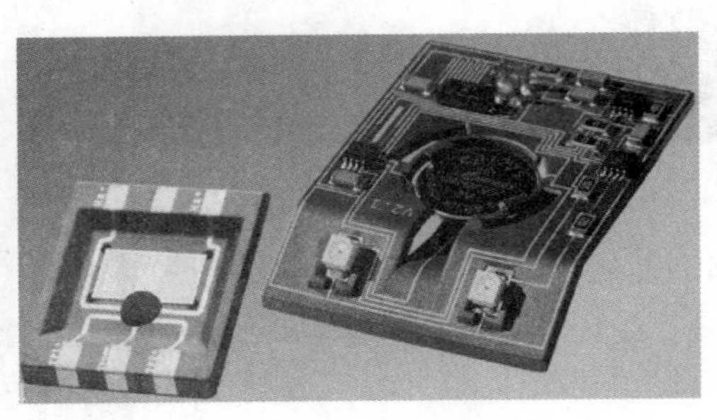

图 3-18　3D 电路

7. 珠宝及收藏品

珠宝商将使用 3D 打印制造限量版产品，目前已经可以用钛合金材料打印吊坠。以激光烧结黄金合金材料打印制作项链的技术也是可行的，而制作这种链子传统上需要复杂而昂贵的机械。

自由成形的特性使得 3D 打印适用于广泛的消费类产品。3D 打印技术制造的艺术品、塑料和金属雕塑、家具、家居饰品以其独特品质，证明了这类产品的市场潜力，如图 3-19 所示。

图 3-19　工艺品

8. 食品加工

特殊食品被认为是具有 130 亿美元潜力的巨大产业。美国康奈尔大学和法国烹饪学院已成功研制将巧克力、奶酪、豆沙和扇贝等食材打印成 3D 人物、公司徽标、名称和其他对象的技术。

9. 教育和娱乐

在教育领域，可以通过成形模型验证科学假设，用于不同学科的试验和教学。不久的将来会出现价格为 100～150 美元的消费类 3D 打印机，这类 3D 打印机非常适合用于游戏、教育和娱乐。在北美的一些中学、普通高校和军事院校，3D 打印机已经被用于教学和科研。

3.3 发展与展望

AM 将改变未来生活的方方面面，其技术向更多材料、更高精度、更快速度、更简便操作、更高可靠性、更低成本等方向发展，将进一步增加人类对物质世界的控制能力。

2014 年我国工信部已初步制订完成《国家增材制造发展推进计划》，在 3D 打印的重点发展方向上，拟定了五大方向：一是金属材料增材制造，包括针对航空航天，核电、能源等机械零部件直接制造需求，研制钛合金、高温合金等金属材料；二是非金属材料增材制造；三是医用材料增材制造，如针对牙齿、假肢、手术导板、手术辅助器械等方面的需求，开发医用外部矫形器械专用材料等；四是设计及工艺软件；五是增材制造装备关键零部件。

1. 形状打印

AM 使人类具备了前所未有的对物体形状的控制能力，有制造任意复杂形状和结构的能力，因复杂程度增加而带来的边际成本为零，这与传统加工方法形成鲜明对比。制造更具个性化改变了传统加工方法对设计的局限和约束，创新意识和能力是核心，“不怕做不到，就怕想不到”。未来 AM 既能控制物体的外观形状又能控制材料的内部结构，可制造多材料复合、复杂织构材料、多材质相互缠绕的构件。

2. 成分打印

可以制造一些新奇的材料，如拉伸时材料横向膨胀的特异材料，个性化修复整形，使材料既强韧又轻量化。个性化金属植入体由形状定制走向功能定制。生物打印“软组织植入体”，利用一种含有生物活性细胞的生物墨水，直接打印人体的各种软组织植入体，如心脏瓣膜、脊椎垫骨。

外科手术前，利用 AM 快速制作硬组织模型或外科手术器具，可显著缩短手术时间和提高手术可靠性。据报道，手术时间可以缩短一半以上。

食品打印，利用食用“墨水”，快速制造任意形状和成分结构的食品，其松软程度、口感、颜色和表面形貌可以随意调节。未来会出现各种各样的厨房打印机，如巧克力打印机，面包打印机等，将使厨房作业变得更随意和有趣，如图 3-20 所示。

图 3-20　食品打印

3. 功能打印

对材料行为的控制，即可对材料进行任意编程，使之具有预想的功能，这是AM技术的最高境界。未来可以快速打印集机械功能、信息功能和能源系统为一体的任何事物，如直接打印出可行走的、具有真人形状的机器人，开辟全新的设计理念和类似于生物进化的工程制造模式。AM专用的制造设计应用包（FabApps）类似于iPhone Apps，软件内置了各种专业知识推理模块，任何人都可以不需要相关的专业知识，就可快速设计、制造出符合自己特征的理想产品。如牙刷设计包，只须输入你的口腔和手掌尺寸、面部和手掌图片，并回答20多个相关问题，就可以快速得到最符合自己特征的牙刷模型，然后利用AM技术快速制作出相应的牙刷实体，如图3-21所示。

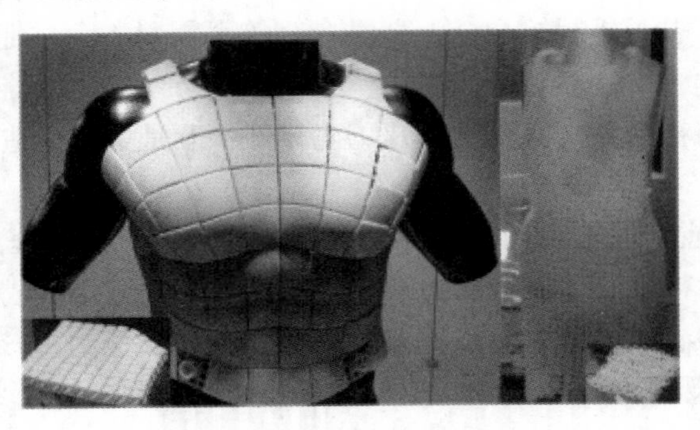

图3-21　功能打印

4. 新的创业模式

AM催生的“个人制造”（Personal Manu-facturing简称PM）模式。AM或三维打印未来将提供三个层次的创业模式，即工厂级别的批量制造、当地供应商的打印服务和家庭环境提供的打印服务。

AM使设计人员或创业人员不需要传统的厂房等基础设施就可以开始销售产品，是一种全新的制造模式。不需要投资商提供启动资本来购买大型设备和工模具，创新型人才就能够创造和销售独一无二的产品。

AM提供的创业机会有新型AM设备开发、为主流制造商提供AM零部件、为消费者打印设计产品、为在家庭打印的人员提供独一无二的设计创意服务等。

思考与练习题

1-1　AM是什么？它与传统加工方法比较有什么不同？

1-2　AM是如何分类的？其关键技术有哪些？

1-3　简述AM的技术优势。

1-4　何谓3D打印？

1-5　你能简单描述3D打印的应用吗？

1-6　请上网查询AM或3D打印技术典型应用案例。

第4章 虚拟制造技术

学习目标

初步了解虚拟制造技术的概念；了解虚拟制造的特征、特点及分类；理解虚拟制造系统体系及关键技术；知道虚拟制造的应用。

虚拟制造是一种新的制造理念，它以信息技术、仿真技术、虚拟现实技术为支持，在产品设计或制造系统物理实现之前，就能使人体领会或感受到未来产品的性能或者制造系统的状态，从而可以做出前瞻性的决策与优化实施方案，极大地增强企业的创新能力，在虚拟状态下构思、设计、制造、测试和分析产品，以有效地解决那些反映在时间、成本、质量等方面的诸多问题，适应当今市场瞬息万变的需求。

4.1 虚拟制造概述

4.1.1 虚拟制造的定义

虚拟制造作为一个全新的概念，各国学者有多种表述。

佛罗里达大学 Gloria J Wiens：虚拟制造是这样一个概念，即与实际一样在计算机上执行制造过程，其中虚拟模型是在实际制造之前，用于对产品的功能和可制造性的潜在问题进行预测。

美国空军 Wright 实验室：虚拟制造是仿真、建模和分析技术及工具的综合应用，以增强各层制造设计和生产决策与控制。

马里兰大学 Edward Lin&etc：虚拟制造是一个用于增强各级决策与控制一体化的、综合的制造环境。

虚拟制造（Virtual Manufactuing，简称 VM）是一个在计算机网络及虚拟现实环境中完成的，利用制造系统各层次及不同侧面的数学模型，对包括设计、制造、管理和销售等各个环节的产品全生命周期的各种技术方案和技术策略进行评估和优化的综合过程。

虚拟制造技术是一门以计算机仿真技术、制造系统与加工过程建模理论、VR 技术、分布式计算理论、产品数据管理技术等为理论基础，研究如何在计算机网络环境及虚拟现实环境下，利用制造系统各层次及各环节的数字模型，完成制造系统整个过程的计算与仿真的技术。

虚拟制造系统是一个在虚拟制造技术的指导下，在计算机网络和虚拟现实环境中建立起来的，具有集成、开放、分布、并行和人机交互等特点的，能够从产品生产全过程的高度来分析和解决制造系统各个环节的技术问题的软硬件系统。

VM 通过增强设计、生产、管理等过程的预测、分析、评估及决策能力，改善企业产品的交货期、质量、价格与服务，从而增强企业的竞争能力。

4.1.2 虚拟制造的特点

交互性、沉浸性和想象力是虚拟制造的三个重要特征，如图 4-1 所示。

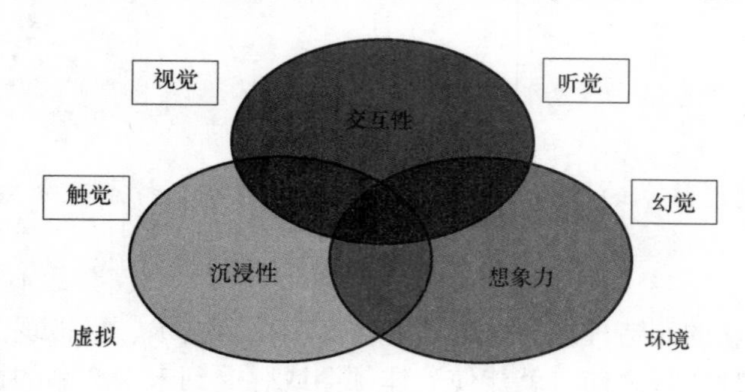

图 4-1 虚拟制造的三个特征

虚拟制造有以下两个特点。

1）信息高度集成，灵活性高。由于产品和制造环境是虚拟模型，在计算机上可对虚拟模型进行产品设计、制造、测试，甚至设计人员和用户可以“进入”虚拟的制造环境检验其设计、加工、装配和操作，而不依赖于传统的原型样机的反复修改，还可以将已开发的产品（部件）存储在计算机内，不但大大节省仓储费用，更能根据用户需求或市场变化快速进行改型设计，快速投入批量生产，从而能大幅度压缩新产品的开发时间，提高质量，降低成本。

2）群组协同，分布合作，效率高。可使分布在不同地点、不同部门的不同专业人员在同一个产品模型上，群组协同，分布合作，相互交流，信息共享，减少大量的文档生成及其传递的时间和误差，从而使产品开发快捷、优质、低耗，适应市场需求变化。

4.1.3 虚拟制造的分类

按照产品在生命周期中的各类活动，可将虚拟制造技术分成三类，如图 4-2 所示。

(1) 以设计为中心的（Design Centered VM） 是将制造信息加入到产品设计和工艺设计过程中去，并在计算机中数字化“制造”，仿真多种制造方案，检验其可制造性或可装配性，预测产品的性能和报价、成本。其主要目的是通过“制造仿真”来优化产品设计和工艺过程，尽早发现设计中的问题。

(2) 以生产为中心的（Production Centered VM） 是将仿真能力加入到生产计划模型中，其目的是方便和快捷地评价多种生产计划，检验新工艺流程的可信度、产品的生产率、资源的需求状况（包括购置新设备、征询盟友等），从而优化制造环境的配置和生产的供给

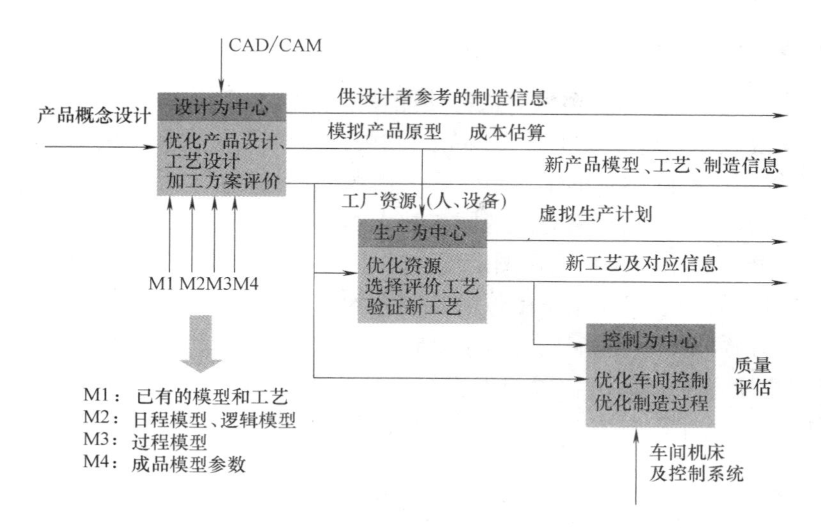

图 4-2 虚拟制造技术的分类

计划。

(3) 以控制为中心的（Control Centered VM） 是将仿真能力增加到控制模型中，提供对实际生产过程仿真的环境。其目的是在考虑车间控制的基础上，评估新的或改进的产品设计及与生产车间相关的活动，从而优化制造过程，改进制造系统。

4.2 虚拟制造系统

4.2.1 虚拟制造系统的体系结构

虚拟制造系统的体系结构如图 4-3 所示。

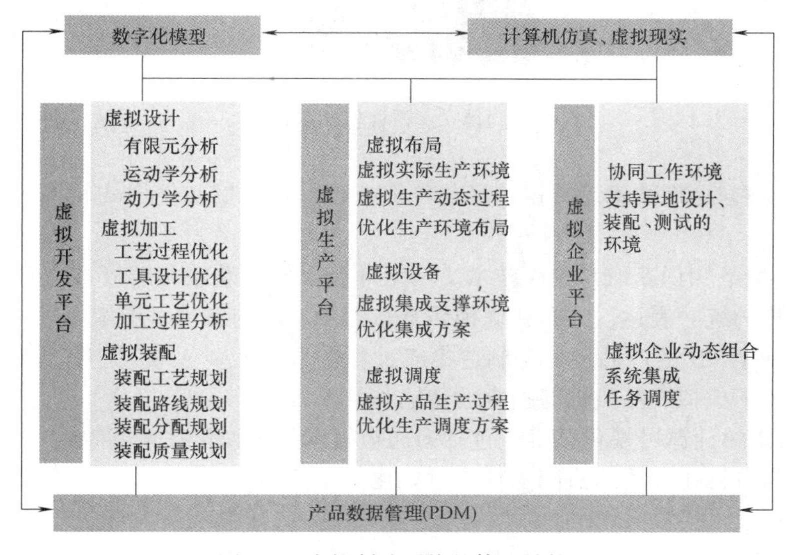

图 4-3 虚拟制造系统的体系结构

4.2.2 虚拟制造的关键技术

（1）虚拟制造的使能技术　虚拟制造的使能技术主要有以下几项。

1）多通道交互技术。包括虚拟现实设备的软硬件接口驱动技术、真实感渲染的三维图形加速技术、三维定位跟踪设备的定标技术、大面积纹理的可见性快速显示技术、人像分离与多传感信息的融合技术、信息与时间的同步技术等。

2）虚拟环境建模技术。包括图像图形混合建模技术、多细节层次建模技术、智能化视区裁剪技术、场景预处理技术、基于图像的绘制技术、虚拟声的生成与增强技术等。

3）虚拟产品建模技术。是指建立产品的虚拟原型或虚拟样机的过程，包括产品建模技术零部件的物理建模方法、基于物理的工程行为特征建模方法、工程对象的单元化划分方法、工程分析的有限元计算方法、工程分析结果的多准则图示方法等。虚拟样机的过程如图4-4所示。

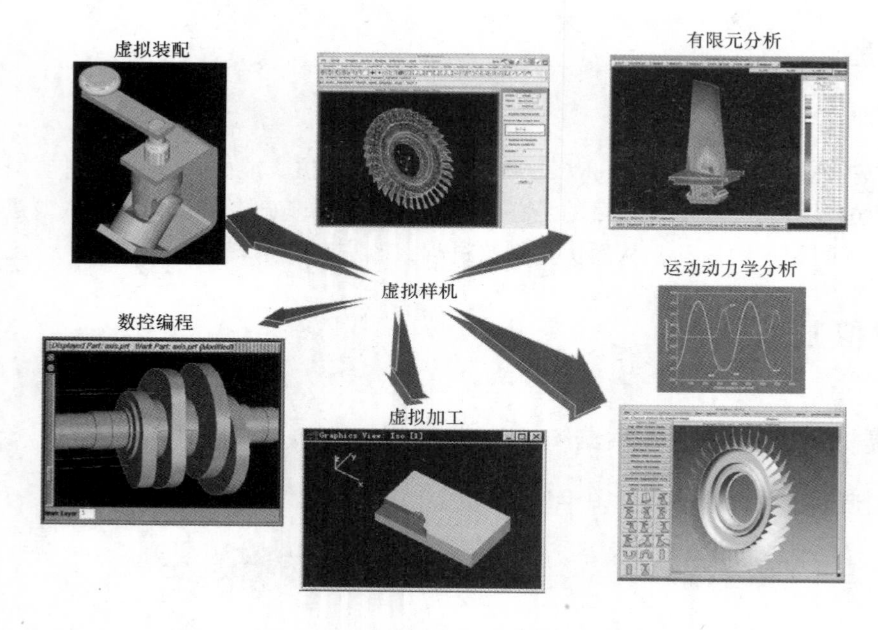

图4-4　虚拟样机的过程

4）数据转换与处理技术。数据转换与处理技术包括数据文件格式转换技术、产品数据管理技术等。

5）网络环境下知识获取与建库技术。网络环境下知识获取与建库技术包括网络化异构知识与数据信息的统一表达、分布式虚拟仿真节点的协同与自治、虚拟场景的快速漫游绘制与网络传输、基于VR的产品设计与制造集成过程链、基于多Agent的虚拟企业信息重组与集成、网络环境下虚拟产品数据与指令的传输与共享等。

6）基于VR的计算可视化技术。包括多通道技术与可视化技术的映射机理与操纵方法、分布式的计算与可视化环境的协同、特征可视化与拓扑结构分析、基于VR的可视化与驾驭计算。

（2）虚拟制造相关的关键技术　虚拟制造相关的关键技术如下。

1）虚拟设计与装配技术。包括虚拟产品形状设计、虚拟装配/拆卸设计与优化、虚拟样机、具有力觉的虚拟装配等。基于虚拟样机的试验仿真分析可以在真实制造之前发现问题，并得以解决。图4-5所示为机车部件的有限元模型。

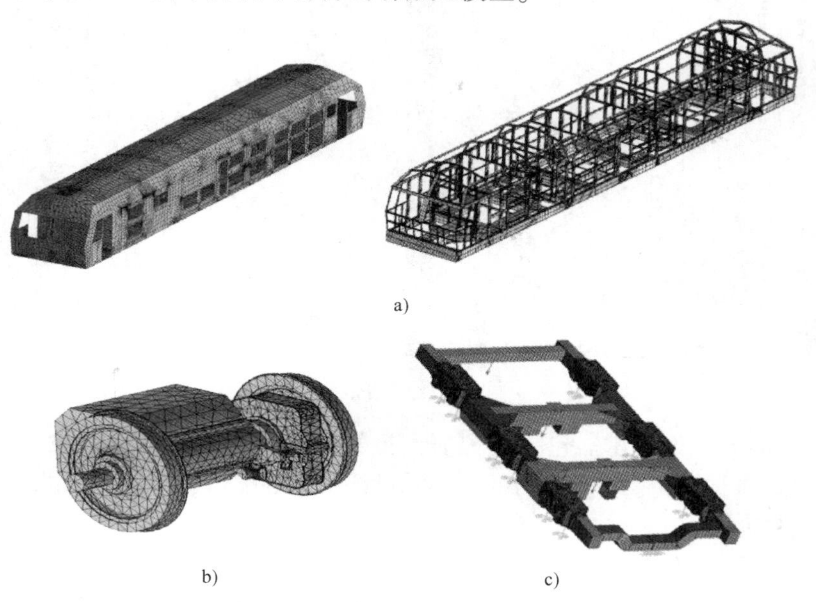

a)

b) c)

图4-5　机车部件的有限元模型

a）车体　b）机车抱轴箱系统　c）机车转向架

2）虚拟产品实现技术。包括虚拟加工、远程机器人操作与监控、虚拟测量技术、基于表面质量分析的切削参数选择等。

虚拟加工如图4-6所示。

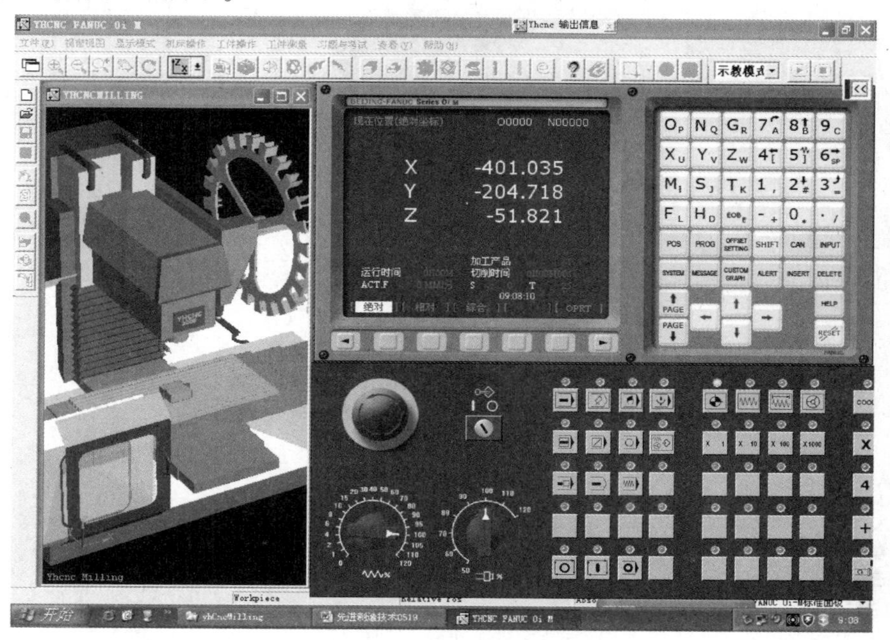

图4-6　虚拟加工

虚拟测试如图 4-7 所示。

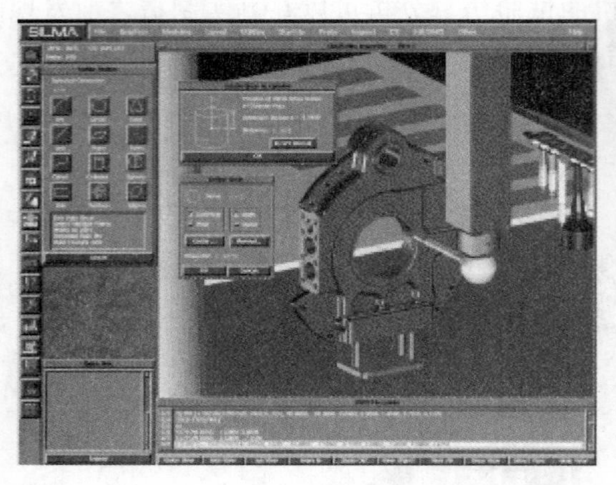

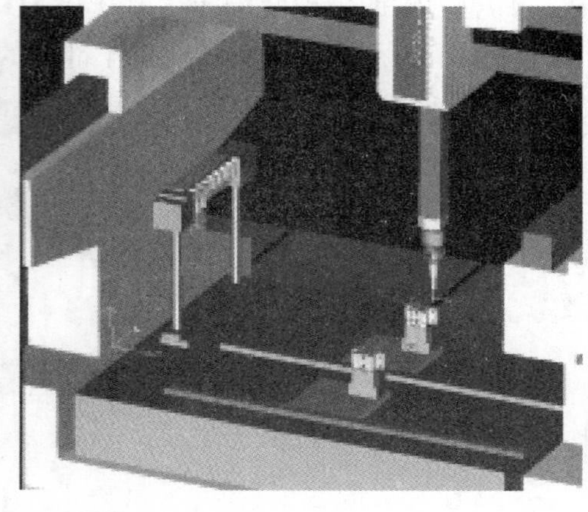

图 4-7　虚拟测试

3）虚拟检测与评价技术。包括虚拟表面接触刚度分析、刀位轨迹检查及碰撞干涉检验、工艺过程规划与仿真、基于应力的加工质量评价、装配信息建模等。机车喷油器压叉的应力图如图 4-8 所示。

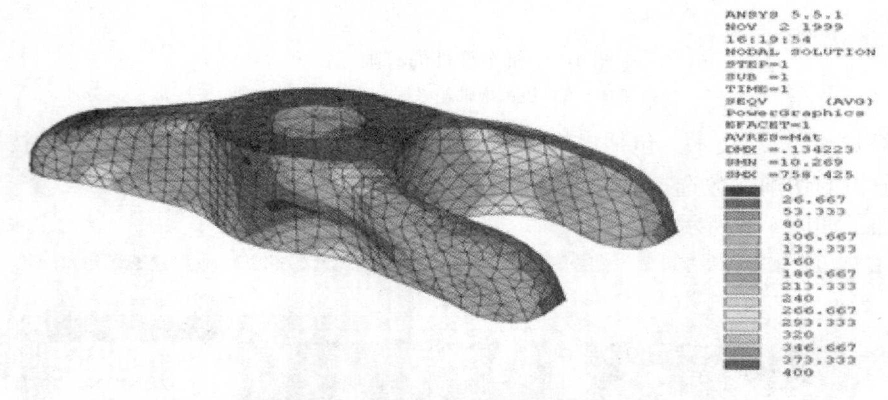

图 4-8　喷油器压叉的应力图

4）虚拟试验技术。包括虚拟试验的物理建模、虚拟试验的运行平台、虚拟测试、虚拟样机的性能评价等。机车车体底架的变形图如图 4-9 所示。

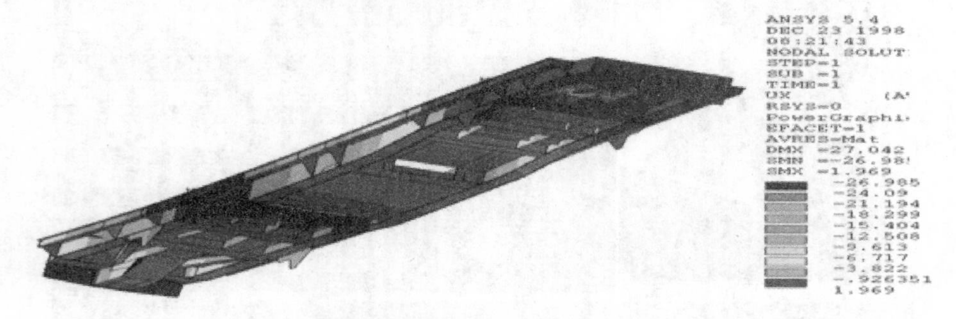

图 4-9　机车车体底架的变形图

5）虚拟生产技术。包括虚拟生产线/车间实时三维布局、生产线/车间生产过程虚拟仿真、基于VR的网络化分散制造仿真与评价等。虚拟生产调度控制仿真如图4-10所示。

4.2.3 虚拟制造系统的作用

图4-10 虚拟生产调度控制仿真

VM系统可以为制造企业提供如下支撑作用。

1. 为企业决策提供支持

VM系统对于企业战略规划、经营决策、项目管理来说，既作为一个企业信息系统为其提供各种所需信息，又作为一个决策支持系统以提高各级决策和控制能力。根据市场需求以及企业资源状况和技术条件等，进行战略规划和经营决策，确定产品类型和规模，评估可能取得的效益和遇到的风险。VM提供影响产品性能、制造成本、生产周期的相关信息，以便使决策者能够正确地处理产品的性能、制造成本、生产进度和风险之间的平衡关系，做出正确的设计和管理决策。

2. 产品开发过程管理

根据企业产品规划和产品开发计划，管理各个产品开发项目，虚拟使用环境、虚拟性能测试环境、虚拟制造环境解决了产品开发过程中所面临的未知因素，提高产品的设计质量，减少设计缺陷，优化产品性能。

（1）虚拟使用环境　使用户在产品开发的早期就参加产品开发活动，这既有利于尽早地反映用户需求情况，解决与用户需求有关的未知因素，也加强了用户对自己提出的需求合理性的认识。

（2）虚拟性能测试环境　使设计人员能够基于虚拟产品，对产品设计进行性能分析、评价和改进，可加强设计人员之间、设计人员与用户之间、设计人员与合作伙伴之间的联系。

（3）虚拟制造环境　用于在产品开发过程中，为整个企业的运作提供一个基于计算机环境的具有制造语义的集成基础结构，为所设计的产品制造和生产过程提供仿真环境和论证平台，解决与制造有关的未知因素，提高工艺规划和加工过程的合理性，优化制造质量。

3. 生产过程管理

对于生产过程来说，虚拟制造系统则是一个监视、控制、管理、维护和仿真系统，以提高制造和生产过程管理、协调和控制能力。通过将现实制造系统映射为虚拟制造系统，实现对企业制造资源的建模以及制造过程和生产过程规划、管理、调整、控制的仿真。通过生产计划的仿真，可以优化资源配置和物流管理，实现柔性制造和敏捷制造，缩短制造周期，降低生产成本。

4. 整体运作

根据产品类型和规模以及企业资源等情况，控制和协调生产活动，合理配置和利用人力、财力、物质资源，以提高企业的整体运作效率。通过提高产品质量，降低生产成本和缩短开发周期，以及提高企业的柔性，适应用户的特殊要求和快速响应市场的变化，形成企业的竞争优势。

5. 系统维护

虚拟制造系统管理人机界面用于系统管理人员对整个虚拟制造系统的管理、控制、维护和更新。

4.3 虚拟制造的应用

虚拟现实技术有着许多的应用领域，尤其在制造业虚拟设计与制造中的应用日益广泛。

4.3.1 虚拟环境

虚拟家居环境、虚拟军事环境如图4-11所示。

a）

b）

图4-11 虚拟环境

a）虚拟家居环境 b）虚拟军事环境

4.3.2 虚拟工具

虚拟头盔如图4-12所示。

图4-12 虚拟头盔

4.3.3 虚拟产品建模

加工中心虚拟建模如图 4-13 所示。

图 4-13 加工中心虚拟建模

4.3.4 汽车设计

福特汽车公司利用虚拟原型技术在产品开发阶段就进行装配评价，这样在设计阶段就可从整个产品的装配性角度考虑产品的可制造性，而不只从单个零件的角度进行考虑。他们将车辆的零部件在 CAD 系统中建模，然后将模型文件传输到虚拟环境中。用户可用手操纵虚拟零件，并试着将其安装到车辆当中，系统可检测零件与车辆的干涉情况。福特汽车公司还希望将该系统应用于装配中的人机工程学的研究。该系统的硬件设备采用的是 SGI 图形工作站、显示器和数据手套等。福特汽车数字原形件如图 4-14 所示，汽车内部三维实体如图 4-15所示。

图 4-14 数字原形件

图 4-15　汽车内部三维实体

4.3.5　装载机设计

美国帝瑞（John Deere）公司是一家生产工程机械的著名厂商。过去，工程师在完成了一项产品设计之后，需要将设计交给一个小组，以便用塑料制造一台全尺寸样机，并配以活动部件，以便对其宜人性设计进行评价，分析它的机动性和视景。现在，工程师可以利用VM系统，戴上头盔显示器，手系位置传感器，坐进模拟的驾驶座位后，接触各种操纵装置。当工程师的手臂做出某些动作时，计算机所生成的手臂图像也跟着移动。这样，他就能“接触”并判断这些操纵装置的位置是否恰当，可在铲斗升高或降低的情况下检查前方或后方的视野，甚至还可在视景中加进另一辆卡车，并把铲斗升高，工程师判断他能否看到卡车并设法躲开它，然后评价装载机是否能满足预期的各种要求。装载机虚拟原型如图 4-16 所示。

4.3.6　飞机设计

图 4-16　装载机虚拟原型

美国波音飞机公司的波音 777 飞机的开发就是完全利用虚拟原型进行评价分析的，结果不仅缩短了数千小时的开发时间，还省掉了制作大型物理模型的麻烦，保证了最终制造出的飞机机翼和机身的一次接合成功。在飞机设计过程中考虑飞机的可维修性是非常重要的。借助与真人一样大小的人体模型，液压工程师在 dVise 软件所生成的虚拟维修区中就可以体验维修空间的大小，并判断是否合适。波音 777 飞机数字化装配如图 4-17 所示，航空发动机设计与试验如图 4-18 所示。

4.3.7　动力机车设计

据统计，中国已成为世界上高速铁路系统技术最全、集成能力最强、运营里程最长、运行速度最高、在建规模最大的国家，投入运营的高速铁路已达 6800km，规划在建近 20000km。

图 4-17　波音 777 飞机数字化装配

图 4-18　航空发动机设计

我国在京沪、沪杭、广深等高铁路段时速均达 300km/h 以上。2010 年 2 月，武昌至广州客运专线时速最高达 350km/h。2014 年 10 月，CRH380AJ-0203 动车组到达贵阳试跑贵广高铁，其设计时速 380km，极限时速可以达到 400km。高速动车组为我国自主研制，利用了虚拟原型技术设计，整个设计系统由虚拟样机设计分系统、虚拟样机仿真分系统、虚拟样机试验分系统等组成。

虚拟样机仿真分系统的效果图如图 4-19 所示。

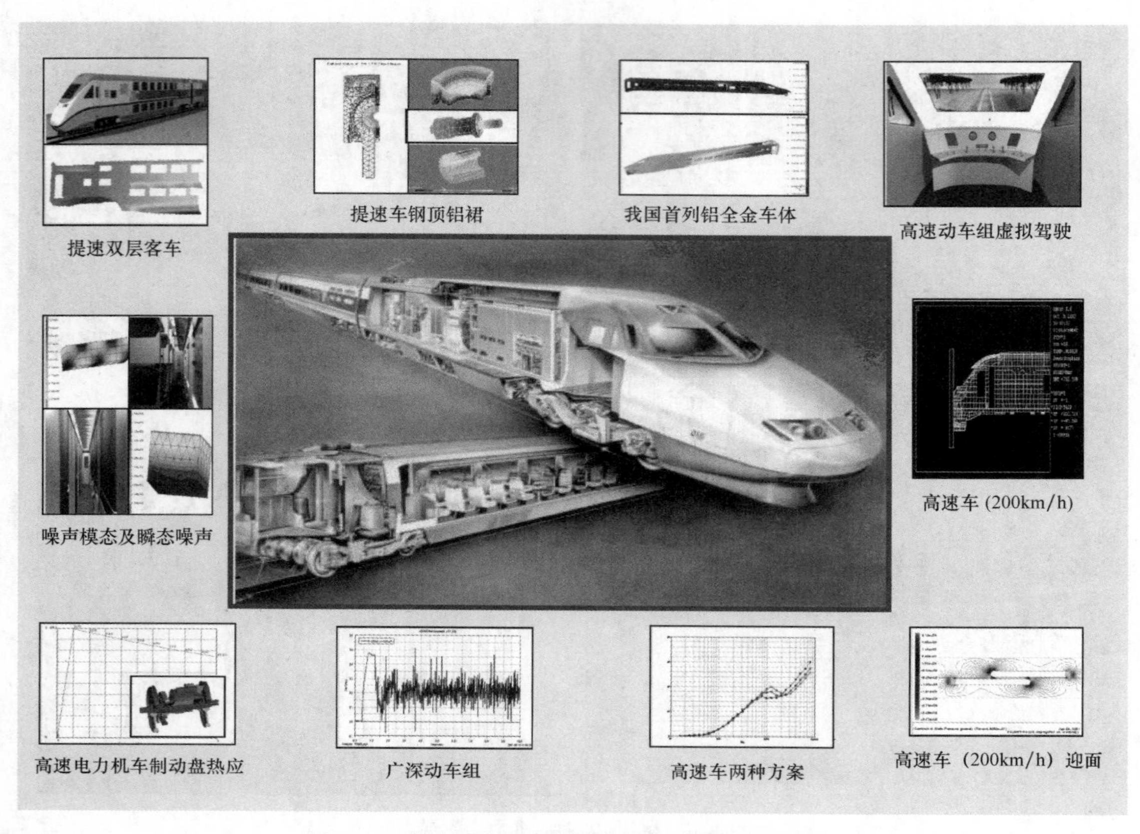

图 4-19　高速动车组虚拟样机仿真分系统的效果图

思考与练习题

4-1　VM 的概念是什么？其特点有哪些？

4-2　虚拟制造的体系是什么？

4-3　简述虚拟制造的关键技术。

4-4　VM 系统可以为制造企业提供哪些支撑？

4-5　举例说明 VM 的应用。

4-6　请上网查询 VM 的应用案例。

第5章 制造自动化技术

学习目标

通过对本章的学习，了解制造自动化的主要技术：CAD/CAM集成技术，数控技术，工业机器人，柔性制造系统（FMS）等。

自从1913年美国人福特（Henry Ford）建立第一条装配流水线开始，到1952年美国麻省理工学院（MIT）发明第一台三轴立式数控铣床，就揭开了数字化制造技术的序幕，经过近几十年的探索和发展，制造自动化技术得到了飞速发展，并已进入了实用化阶段。制造自动化技术的发展历史见表5-1。

表5-1 制造自动化技术的发展历史

序号	发展阶段	适用生产
1	刚性加工	大批量
2	数控加工	多品种，中、小批量
3	柔性加工	
4	计算机集成技术	
5	智能制造、敏捷制造、虚拟制造、网络制造、全球制造、绿色制造	大批量定制

5.1 数控技术

从第一台数控机床诞生起，数控技术便在工业界引发了一场不小的革命。数控技术是微电子技术与传统机械技术相结合的产物，可以根据机械加工的工艺要求，使用计算机技术对整个加工过程进行信息处理与控制，实现生产过程的自动化。数控机床为多品种、单件、小批量生产零件的精密加工提供了优良的技术条件，是一种灵活、通用、高效的自动化机床。

5.1.1 概述

数字控制（Numerical Control，简称NC）是用数字化信号对机床的运动及其加工过程进行控制的一种技术方法，简称数控。

数控机床（NC Machine）是一种装有程序控制系统的机床，该系统能进行逻辑和数学运算，能处理具有特定代码或其他符号编码指令规定的程序。通俗地讲，就是采用了数控技术或者是装备了数控系统的机床。

数控系统（NC System）能自动阅读输入介质上记载的程序，并将其译码，控制机床运动，实现零件加工过程的程序控制系统。

数控技术的发展历程见表5-2。

表5-2　数控技术的发展历程

序号	发展阶段	发展特征	年代
1	NC 阶段	电子管	1946
		晶体管	1952
		中小规模集成电路	1962
2	CNC 阶段	小型计算机	1970
		微处理器	1974
3	ONC 阶段	PC 平台开放式	1990

迄今为止，在生产中使用的数控系统大多数都是第五代数控系统，其最大特点就是计算机的专用性。一套数控系统就是一台专用计算机，里面有十几块甚至几十块专用芯片。这种专用的计算机与标准的计算机不兼容，就是这些专用计算机之间也不能相互兼容。目前市场上第五代数控系统的代表产品是日本的FANAC-0系统和德国的西门子810系统等。我国普及型的数控系统97%以上是进口产品。图5-1所示为多轴加工中心。

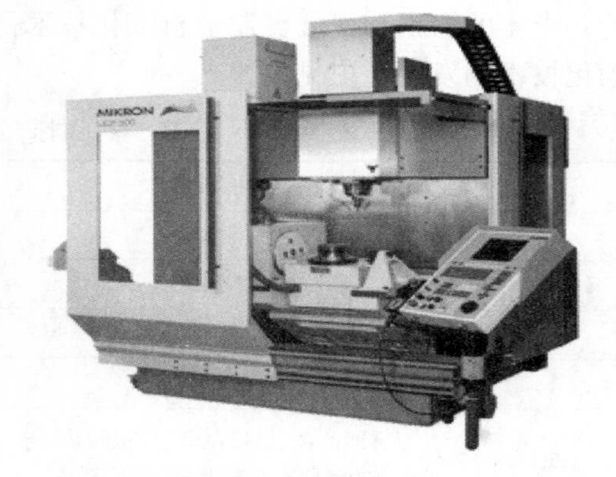

图5-1　多轴加工中心

数控系统的发展趋势：从20世纪90年代开始，在美国首先出现了在PC机上开发的数控系统，即PC数控系统，其特点是计算机的开放性与兼容性。

最先进的数控加工机床：德马吉DMU 60P DUOBLOCK 5轴联动高精度数控加工中心，使用德国Openmind公司的hypermill软件。五轴联动数控机床是一种科技含量高、精密度高、专门用于加工复杂曲面的机床，这种机床系统对一个国家的航空、航天、军事、科研、精密器械、高精医疗设备等行业有着举足轻重的影响力。

5.1.2　先进的数控系统

1. 开放式数控系统

根据IEEE（Institute of Electrical and Electronics Engineers）的定义，开放式数控（Open NC，简称ONC）系统在软硬件上必须是一个全模块化结构，具有可移植性、可缩放性、可互换性的特点。美国在1981年开始实施的NGC（Next Generatrion Control）计划，最终形成了一份开放式系统体系结构规范SOSAS。1994年又开始了OMAC（Open Modular Architechure Controllers）项目的研究。欧盟1994年完成了开放式控制系统平台和系统参考结构的定义，1996年已经完成了原型系统的开发。日本制订的IMS（Intelligent Manufacturing System）系统研究发展计划中，对CNC系统提出了标准化和智能化的要求。我国对开放式的数控技术也进行了一定的研究，并对其进行产品应用开发。

开放式数控系统基于PC的开放式，采用PC技术和Windows操作平台，大量的硬件板卡厂商、应用软件开发公司都可以提供技术支持，能即时享用计算机技术发展的新成果。开放式数控系统的关键技术如下：

（1）控制器技术　要求生产厂商能根据产品的转矩、功率等电气参数，自由选择电动机和放大器等I/O控制设备，并能根据需要重新选配CPU和存储设备，而不需要对数控系统其他部分进行调整。个人计算机在ONC中的应用是实现的主要途径。

（2）接口技术　接口技术包括人机交互接口和网络通信接口等。人机交互接口要求能实现ONC与操作人员多途径交互的手段。网络通信接口的开放性则包含网络硬件设备的开放性和网络通信协议的开放性。基于TCP/IP协议的以太网已逐渐被ONC广泛采用。

（3）测量技术　ONC要求具有智能化、无人化、集成化的高灵敏度的测量系统。

（4）软件技术　由于个人计算机在CNC中的大量应用，高级编程语言为数控编程、控制程序的编写提供了极大的方便性和灵活性。

ONC数控系统如图5-2所示。目前世界上一些先进的数控系统都采用ONC数控系统，如：西门子840Di、海德汉英TNCi530、FANUC300i等。米克郎数控机床如图5-3所示。

图5-2　ONC数控系统

图5-3　米克郎数控机床

知识链接

1）西门子840Di数控系统是全集成式的基于PC平台、开放、更加灵活的数控系统，它建立在标准的微软新操作系统和带奔腾处理器的个人计算机基础之上，不再需要专门的数控处理器，其运动控制的应用范围更广，可靠性更高，并向智能化前进了一大步。

2）Heidenhain530数控系统的技术指标：轴数6+1；输入分辨率为直线轴1μm，角度0.001°；段处理时间从程序存储器6ms，从硬盘4ms；粗插补周期3ms；细插补周期0.6ms；

提前预处理128段。

3）2004年12月日本东京国际机床展和2006年上海国际机床展上，发那科（FANUC）展示了30i与31i两款纳米级数值控制器，其最小输入单位为0.001μm，而目前一般的控制器精度约为0.1μm。纳米插补产生以纳米为单位的指令给数字伺服控制器，使数字伺服控制器的位置指令更加平滑，因而也就提高了加工表面的平滑性。

2. 智能数控系统

随着数控系统的不断发展和深入应用，人们发现它的有些过程控制不能用单纯的数学方法来建模。相反，采用非数值方式的经验知识却能有效地进行控制。因此，研究将人工智能技术引入数控系统，形成了所谓的智能数控系统。它是计算机技术发展到一定阶段的产物，也是计算机技术在数控系统中广泛应用的结果。目前应用较成熟的人工智能技术有专家系统、人工神经网络技术和计算机视觉技术等。

（1）专家系统　目前专家系统在数控系统中主要应用在数控机床的故障诊断、切削过程控制、自动编程等方面，其中用专家系统进行故障诊断是一个典型的应用。由于数控机床是融合了多个学科知识的技术密集型产品，其故障诊断需要多门专业知识和丰富的现场经验。因此，可以引入专家系统技术，将多个数控机床维修专家的知识经验抽象成计算机能理解的推理规则，并存放在知识库中，然后采用适当的机制进行故障的分析定位和维修指导，并且具有开放性，当有新的故障类型或新的故障排除方法时，可以利用人机对话，添加或修改知识库的知识。

（2）人工神经网络技术　人工神经网络（ANN）的研究由来已久，是人工智能领域的一个重要分支。人工神经网络是对生物神经系统的模拟，其信息处理功能是由网络单元（神经元）的输入输出特性、网络拓扑结构、神经元之间的连接强度的大小和神经元的激活值等决定的。神经网络有以下4个特点。

1）分布式存储信息方式保证控制信息的安全性，即使网络某一部分出现损坏，也可依靠联想记忆功能恢复原来的信息。

2）并行方式处理信息，加快了运行速度。

3）在工作过程中进行自学习，可调整工作状况，以适应工作环境。

4）由多个神经元组成的网络可以逼近任意非线性系统。基于ANN的系统具有较好的适应性、智能性，能够处理高维数、非线性、强干扰、不确定、难以建模的控制对象。

人工神经网络在数控系统中的应用主要体现在利用自适应神经元实现数控系统位置环软件增益的调节控制以及利用ANN来实现数控的插补计算等。

（3）计算机视觉技术　计算机视觉来源于计算机图像处理和模式识别技术，目的是使计算机系统能像人类的视觉系统一样处理、识别自己周围的环境，计算机视觉也称为目标识别、图像理解或景物描述。

一个计算机视觉系统最终的目标是对环境景物的感知，从二维平面图像中理解三维真实世界，其识别方法与人的感知过程相似。如装配机器人的视觉辅助可以识别零部件、故障、尺寸和形状，以保证装配的正确性和质量的控制。同时，它还可以按视觉识别的信息，利用物流系统装卸产品，对快速加工中的工件进行识别，调整机床上的工、夹具；还可通过视觉识别确定物体的相对位置与姿态，完成物件定位和分类，辨识物体的位置距离与姿态角度，提取规定参数的特征并完成识别，进行误差的检测与识别等。

3. 特种加工数控系统

从20世纪50年代以来，随着科学技术的发展，传统的机械切削加工已不能解决一些工艺问题，如难切削材料、具有特殊复杂表面和特殊技术要求的零件的加工等。特种加工又称非传统加工，它利用电、化学、光、声、热等能量去除工件材料，在加工过程中往往工具不接触工件，二者之间不存在显著的切削力。其加工的难易程度一般与工件材料的力学性能无直接联系，适于用机械切削难以或不能加工的工件的加工，应用较多的是电火花铣削加工。

电火花铣削加工（EDMMILL）出现于20世纪80年代初，是电火花成形加工（SEDM）与电火花线切割加工（WEDM）相结合的产物。它采用标准形状的电极，配合工作台及主轴的成形运动，像铣削加工一样实现零件的加工。它克服了传统电火花加工需要制作成形电极的缺点，减少了生产准备时间，降低了生产成本，并且在加工中易于实现电极的补偿，提高了加工的柔性。

电火花铣削加工如图5-4所示。

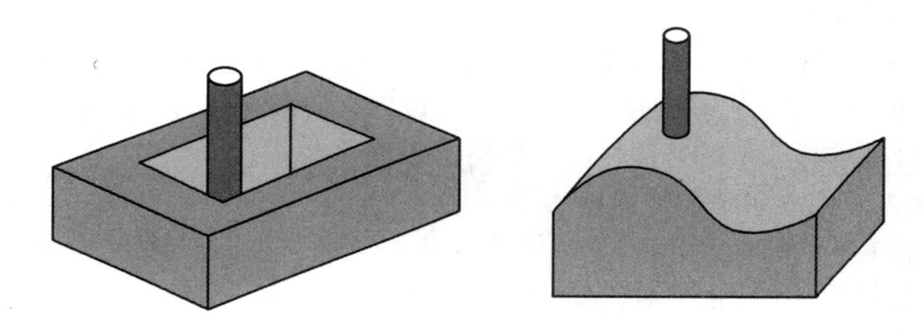

图5-4 电火花铣削加工

电火花铣削加工的关键技术如下：

1）CAD/CAM技术。电火花铣削加工不仅要具有数控铣削加工的功能即三维零件的几何成形加工功能，而且还要考虑加工工件的影响，因此数控代码中还应含有加工参数（电参数和非电参数）的代码。

2）电极损耗的在线补偿。由于电火花加工工具的损耗要比机械铣削加工铣刀的轴磨损规律复杂，建立电火花加工工具损耗的数学模型有一定的难度，目前采用电接触式或CCD光学传感器或智能控制技术实现。前者是在加工过程中，在规定的时间间隔周期地进行电极检测，根据实际测量出的电极尺寸进行补偿，其特点是能准确测出电极损耗量，但要不断中断加工过程，不适合实际的加工要求；后者是通过大量工艺试验，建立基于人工神经网络的电火花铣削加工电极损耗预测模型，其特点是能在加工中动态、连续、实时地补偿电极损耗。

5.1.3 数控编程技术

一般来说，数控编程的过程主要包括零件图样分析、工艺处理、数值处理、程序编制、控制介质制作和程序校核试切等过程。数控编程首先需要考虑的问题是满足零件加工的要求，能加工出合格零件，然后考虑优化生产率和制造成本，以充分发挥数控机床的功能。数控编程的方法有四种。

1. 手工编程

手工编程是指编制零件数控加工程序的各个步骤，即零件图样分析、工艺处理、数学处理、程序编制和输入介质准备直至程序的检验等过程，均由人工完成。这对于几何形状不太复杂的零件，计算比较简单，程序段不多，采用手工编程容易实现。但对于具有复杂空间曲面轮廓的零件，如用手工编程则计算繁琐，程序量大，难以校对，甚至无法编程，应采用自动编程。

2. 自动编程

使用计算机编制数控加工程序，能自动地输出零件加工程序及自动制作控制介质的过程称为自动编程。1959 年美国麻省理工学院研制成功自动编程语言 APT（Automatically Programmed Tool，简称 APT）系统。APT 语言是对工件、刀具的几何形状以及刀具相对于工件的运动等进行定义时所用的符号语言。使用 APT 语言书写零件加工程序，经过 APT 语言编译系统编译可生成刀位文件，再进行数控后置处理，就能自动产生适合某数控系统接受的零件数控加工程序。

3. 面向车间的编程（WOP）

它是介于手工编程和自动编程之间的一种编程方法。它可借助计算机完成一些复杂的数学处理工作，并提供人机交互界面，让工程人员可以方便地融入自己积累的加工经验。它在很大程度上减轻了编程人员的劳动强度，提高了编程效率。

4. CAD/CAM 集成系统数控编程

它是以待加工零件的 CAD 模型为基础的一种集加工工艺规程及数控编程为一体的自动编程方法。适用于数控编程的 CAD 模型主要有表面模型（Surface Model）和实体模型（Solid Model），其中表面模型应用得最为广泛。其编程的过程一般包括刀具定义和选择、刀具相对于工件表面运动方式的定义、切削参数的选择、走刀轨迹的生成、加工过程动态仿真、程序校验和后置处理等。

目前流行的 CAD 软件，如 Solidworks、UGII、Pro/E 等，都具有数控编程模块，而更专业的数控编程 CAD 软件有 Mastercam、SurfCAM 等。

5.1.4 高速数控机床

1. 概念

一般认为，凡是切削速度、进给速度高于常规值 5 ~ 10 倍以上的数控机床即为高速数控机床。目前，高速数控机床的主轴转速一般在 10000r/min 以上，甚至可以高达60000 ~ 100000r/min，其主电动机功率为 15 ~ 80kW，进给量和快速行程速度在 30 ~ 100m/min 的范围内变化。高速数控机床的高速特性还表现在主轴和工作台具有极大的加速度性能，主轴从起动到最高转速只用 1 ~ 2s 的时间，工作台的加（减）速度可达到 1 ~ 10g（$g = 9.81\mathrm{m/s^2}$）。

2. 关键技术

（1）高速主轴电动机（图 5-5） 主轴是高速数控机床的关键部件，是实现高速切削的基础，要求其具有很高的转速及相应的功率和转矩，多数由内装电动机直接驱动。

目前，国际上高水平的主轴电动机产品主要有瑞士 Fisher 公司和法国 Forest Line 公司的产品。高速主轴电动机驱动中的关键技术包括准停的变频驱动，变速精度在 0.5% 以内的优化矢量控制，带C轴功能的矢量控制。主轴电动机的轴承多采用陶瓷球轴承、磁浮轴承和空气或流体静压轴承。

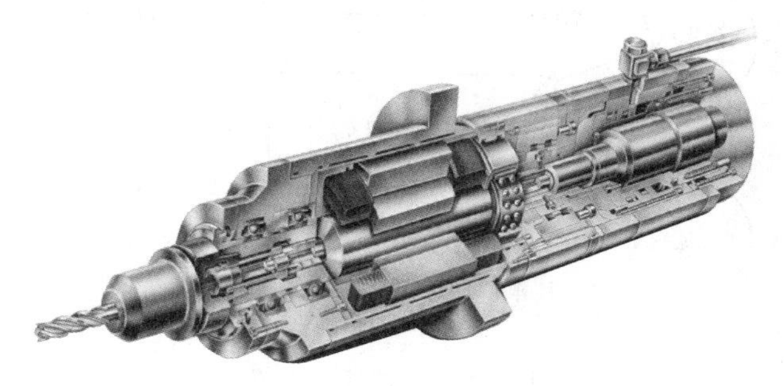

图5-5　高速主轴电动机

（2）高速进给　滚珠丝杠驱动方式下最大进给速度为20～30m/min，加速度为0.1～0.3g（g=9.81m/s²），而使用直线电动机后最大进给速度可达80～120m/min，最大加速度达到2～10g（g=9.81m/s²），定位精度可高达0.01～0.1μm。采用精密、高速度和耐用的直线电动机，避免了滚珠丝杠（齿轮、齿条）传动中的反向间隙，以及惯性、摩擦力和刚度不足等缺点，实现了无接触直接驱动，可获得一致公认的高精度、高速度位移运动（即在高速位移中的极高的定位精度和重复定位精度），并可获得极好的稳定性。第一台应用直线电动机的高速数控系统是1993年德国ZxCell-O公司生产的HSC-240型高速加工中心。

（3）高性能刀具技术　安装在高速主轴上的旋转类刀具，其结构的安全性和高精度的动平衡是至关重要的。当主轴转速超过10000r/min时，离心力作用使主轴传统的7:24锥度端口产生张力，其定位精度和连接刚性降低，振动加剧，甚至发生连接部咬合现象，并会引起刀具整体不平衡。所以应该采用短锥空心柄（HSK）连接方式，该方式能使刀具和主轴自动平衡。HSK连接具有接触刚度高、夹持可靠、重复定位精度高等特点。此外，在高速切削中刀体的材料研究、刀体的安全结构设计等也很关键。

（4）数控系统　数控系统应具有超前路径加减速优化预处理、高速采样截尾误差的精确预估和抑制外部扰动的能力。其中超前路径加减速优化预处理就像在各种路面上开汽车一样：路面好，前面没有急转弯你可以开快一些；如果前面有转弯，你得提前放松加速踏板，开慢一些。其原理是：首先为不同半径的圆弧设定一个最大允许进给速度，当数控系统发现待加工的某段圆弧的最大允许进给速度小于其编程速度时，它将自动把进给速度降低到该段圆弧的最大允许进给速度。如果数控系统发现待加工的路径比较平直，则立刻将进给速度提高到所允许的最大理论进给速度，由机床数控系统在保证加工精度的条件下使机床尽可能在最大理论速度下进行工作。它可以通过在1min内改变进给速度2000～10000次来达到上述目的。

（5）高速加工工艺　如图5-6所示。

3. 技术优势

与常规数控机床相比，高速数控机床有如下技术优势。

1）单位时间的材料切削率可增加3～6倍。

2）切削力可降低30%以上，尤其是背向力大幅降低，特别适合薄壁零件的精密加工。

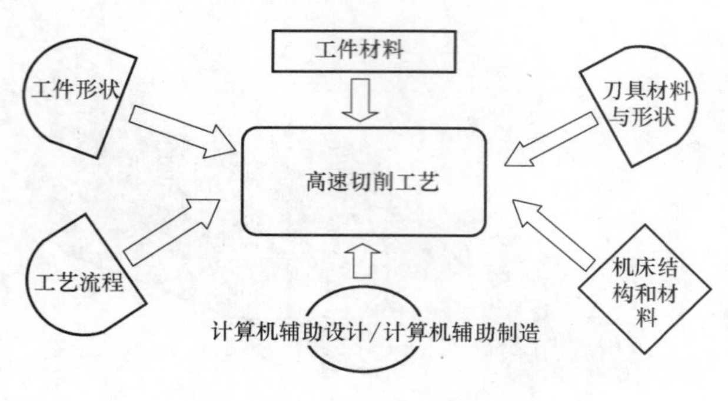

图 5-6　高速加工工艺

3）大量的切削热量（95%～98%）被切屑带走，来不及传递给工件，工件可基本保持冷态，因此适合加工易受热变形的零件。

4）高速数控机床加工时的激振频率特别高，远离机床的固有频率，不会引起共振，因此工作平稳，振动小，可加工非常精密的零件，如高速车、铣可达到磨削的水平。

5）高速数控加工过程中切屑是在瞬间切离工件的，因此工件表面的残余应力很小。

高速龙门数控机床如图 5-7 所示，高速雕铣机如图 5-8 所示。

图 5-7　高速龙门数控机床

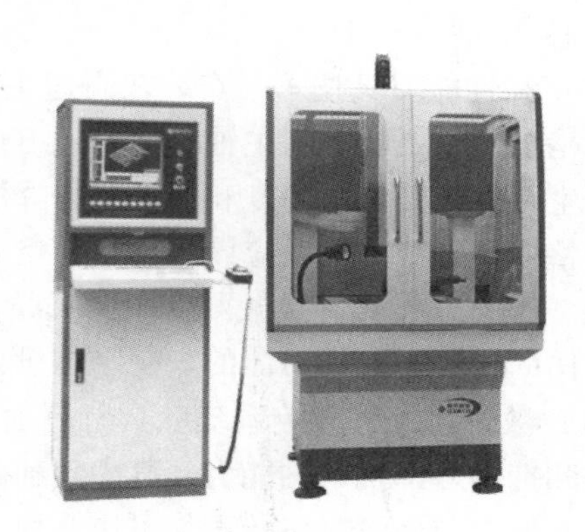

图 5-8　高速雕铣机

4. 应用

高速数控加工可以用来加工铝合金、钛合金、铜合金、不锈钢、淬硬钢、石墨、石英玻璃等材料，应用于航空航天、电子、船舶、兵器、精密机械制造及复杂模具等领域。

高速数控加工的模具如图 5-9 所示。

知识链接

直线电动机

设想把一台旋转运动的感应电动机沿着半径的方向剖开，并且展平，就变成了一台直线感应电动机，如图 5-10 所示。最常用的直线电动机类型是平板式、U 形槽式和管式直线电动机主要应用于自动控制系统；其次是作为长期连续运行的驱动电动机；在需要短时间、短

图 5-9　高速数控加工的模具

距离内提供巨大的直线运动能的装置中也可应用。

图 5-10　直线电动机

5.2　计算机辅助设计与制造

CAD/CAM 技术虽然兴起的时间不长，但发展速度很快，目前它已经成为新一代生产技术的核心，被公认为是提高制造业生产率和产品竞争力的关键技术。

5.2.1　概述

计算机辅助设计（Computer Aided Design，简称 CAD）是指工程技术人员以计算机为辅助工具，通过计算机和 CAD 软件对设计产品进行分析、计算、仿真、优化与绘图。CAD 技术包括建立几何模型、工程分析、产品分析（包括方案设计、总体设计、零部件设计）、动态模拟和自动绘图等。

计算机辅助工艺规划（Computer Aided Process Planning，简称 CAPP）是借助计算机对制造加工工艺过程进行设计或规划，以期对工艺过程实现自动控制。

计算机辅助制造（Computer Aided Manufacturing，简称 CAM）是指应用计算机来进行产品制造的统称。CAM 技术包括数字化控制、工艺过程设计、机器人、柔性制造系统（FMS）和工厂管理等。

CAD/CAM 集成技术（简称 CAD/CAM）是把计算机辅助制造和计算机辅助设计集成在一起的系统。CAD/CAM 是随着计算机技术、制造工程技术的发展和需求，从早期的 CAD、CAPP、CAM 和计算机辅助工程（CAE）技术发展演变而来的。传统的设计与制造彼此分离，而 CAD/CAM 是将设计与制造集成，作为一个整体任务来规划和开发，实现了信息处理的高度一体化。

CAD/CAM 系统由硬件系统和软件系统两部分构成，如图 5-11 所示。

1. 硬件系统

CAD/CAM 系统的硬件通常是指构成生产系统的设备实体，是一切可以触摸到的物理设备的总称。硬件系统由计算机及其外围设备和生产加工设备两部分组成。计算机及其外围设备主要包括主机、外存储器、输入输出设备及其他通信接口等。生产加工设备包括数控机床、装配机器人、物料输送设备和自动检测装置等。

根据系统总体配置及组织方式的不同，计算机系统的配置可分为单机独立系统、主机系统、分布式网络系统。

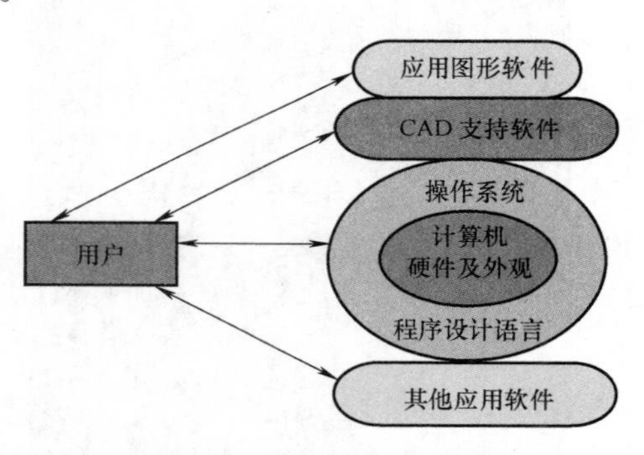

图 5-11　CAD/CAM 系统

（1）单机独立系统　一般采用一个工程工作站或一台个人计算机。工作站是具有高速的科学计算、丰富的图形处理及灵活的窗口与网络管理功能的交互式计算机系统，采用多处理器结构，即采用多个 CPU 并行工作，系统日趋开放，因而成为高档 CAD/CAM 系统的主流，市场占有率不断上升。随着微机硬件性能的不断提高，以及一些大型 CAD/CAM 软件向微机移植，因此微机平台上的 CAD/CAM 得到广泛的普及和应用。

（2）主机系统　以一台主机为中心，连接几台至几十台图形终端显示器，系统共享一个 CPU。这种系统采用小型机或超小型机为主机，计算机通过操作系统的控制，利用分时处理原理，把时间分成若干时间片，使各用户轮流占用 CPU 去执行自己的程序。此系统适用于大中型设计部门。由于其投资大，且主机一旦发生故障，整个系统就处于瘫痪状态，因此其市场占有率不断减少。

（3）分布式网络系统　20 世纪 80 年代，出现了把多个独立工作的工作站组织在高速局域网中的分布式计算机局域网系统，通过网关（Gateway）可以和其他局域网的大型主机相连。网络上各个结点上的计算机可以是个人微机，也可以是工作站，每个结点都有自己的 CPU 和外围设备，使用速度不受网络上其他结点的影响。通过网络软件提供的通信功能，每个结点上的用户既可以享用其他结点上的资源，如大型绘图仪、激光打印机等硬件设备，又能共享网络应用软件及公共数据库中的数据。

2. 软件系统

CAD/CAM 软件系统如图 5-12 所示。

CAD/CAM 软件系统可分为三个层次，即系统软件、支撑软件和应用软件。其中，支撑软件是 CAD/CAM 系统的核心，它不针对具体的设计对象，而是为用户提供工具或开发环境。通常，支撑软件可以直接从软件市场上购买，一般包括 7 种类型。

1）二维绘图软件侧重于二维图形绘制。如 Autodesk 公司的 AutoCAD、国产 CAXA 电子图板等。

2）三维几何建模软件为用户提供一个完整、准确地描述和显示三维几何形状的方法和工具。如 Autodesk 公司的 MDT 和 Inventor，UG 公司的 Solidedge，Solidworks 公司的 Solidworks 等。国产的三维几何建模软件有 CAXA-3D、金银花 MDA 等。

3）有限元分析软件是利用有限元法进行结构分析的软件，可以进行静态、动态、热特性分析，通常包括前置处理（单元自动剖分、显示有限元网格等），计算分析及后置处理（将计算分析结果形象化为变形图、应力应变色彩浓淡图及应力曲线等）三个部分，如 SAP、NASTRAN、ANSYS 和 ABAQUS 等。

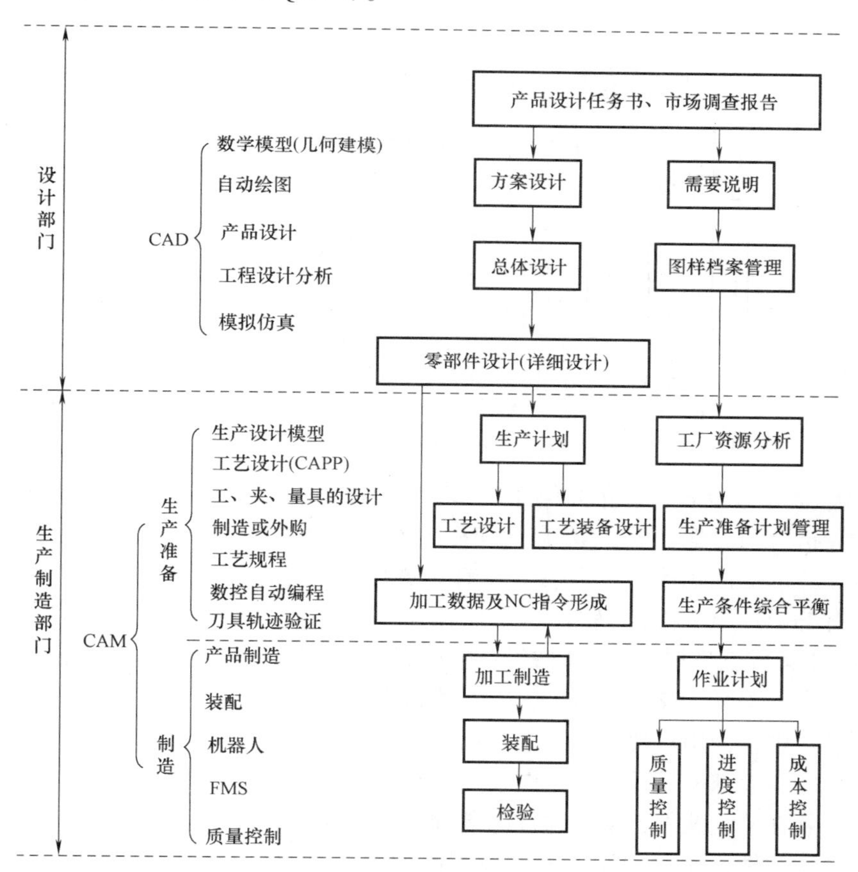

图 5-12　CAD/CAM 软件系统

4）优化方法软件是将优化技术用于工程设计的软件。这类软件综合多种优化计算方法，为求解数学模型提供了强有力的数学工具，目的是为设计项目选择最优方案，取得最优解。

5）数据库系统是能有效地存储、管理、使用数据，支持各子系统之间的数据传递与共享的一种软件。工程数据库是 CAD/CAM 系统的重要组成部分，如 FOXPRO、SQL SERVER、ACCESS、ORACLE、INFORMIX、SYBASE、DB2 等。CAD/CAM 中的数据库如图 5-13 所示。

6）运动学和动力学仿真软件是利用建立真实系统的计算机模型的仿真技术对物体进行运动和动力学模拟的软件。运动学模拟仿真软件可根据系统的机械运动关系来仿真计算系统的运动特性。动力学模拟仿真软件可以仿真、分析、计算机械系统在质量特性和力学特性作用下，系统的运动和力的动态特性，在产品设计时模拟产品生产或各部分运行的全过程，以预测产品的性能、产品的制造过程和产品的可制造性。这类软件在 CAD/CAE/CAM 技术领域得到了广泛的应用，如机械系统动力学自动分析软件 ADAMS，MSC 公司的 Visual Nastran Desktop 和 Working Model。

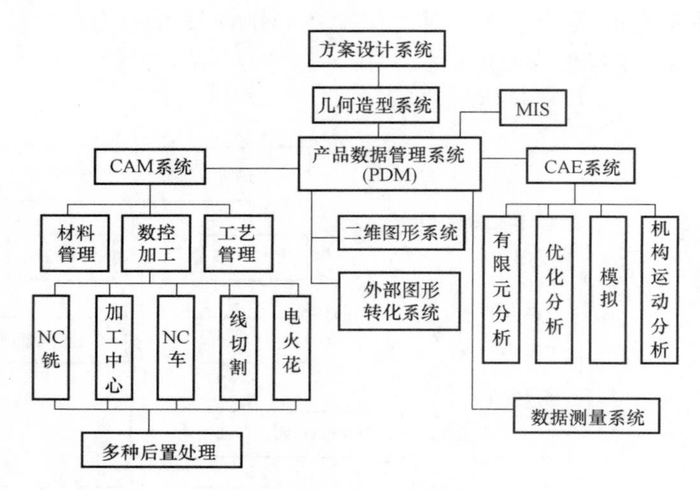

图 5-13　CAD/CAM 中的数据库

7）CAD/CAM 集成软件是集几何建模、三维绘图、有限元分析、产品装配、公差分析、机构运动学分析、动力学分析、NC 自动编程等各功能分系统为一体的集成软件系统。这类软件功能强大，价格比较昂贵，但因其具有集成性、先进性而受到越来越普遍的关注和重视，常用的有 Pro/E、CATIA 等软件。

CAD/CAM 集成软件提供产品数据管理（PDM）功能，由数据库（DB）进行统一，使各分系统之间全部关联，支持并行工程，使信息描述完整，从文件管理到过程管理都纳入有效的管理机制之中，为用户建造了一个界面风格、数据结构、操作方式都统一的工程设计环境，协助用户完成大部分设计工作。图 5-14 所示为 PDM 工作流管理。

应用软件是在系统软件、支撑软件的基础上，用高级语言进行编程，针对某一个专门应用领域而研制的软件，通常又称其为软件产品的“二次开发”。由于应用软件针对性特别强，通用的商品化的软件不多，价格特别昂贵。这类软件类型很多，内容丰富，也是企业在 CAD/CAM 系统建设中研究、开发和应用投入最多的方面。

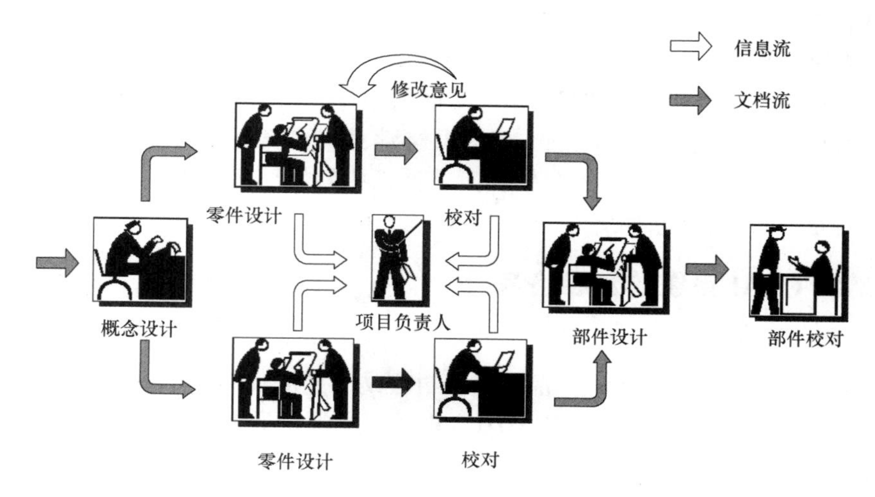

图 5-14　PDM 工作流管理

5.2.2　CAD/CAM 系统的功能

以制造业为例，一个完整的制造企业的 CAD/CAM 系统应具备的功能模块如下：

1）CNC 系统及各种自动化加工设备，包括数控加工中心等各种数控机床、三坐标数控测量机、PLC、检测设备等。

2）物料存储及运送系统，包括自动化仓库。

3）分布式直接数控及设备控制系统，包括直接数控（DNC）系统及与自动仓库的互联系统、工业控制系统等。

4）物流控制与管理系统，其功能是对物料存储及运送系统进行监测和控制，以服务于车间生产计划控制系统。

5）工艺规程设计与管理系统，其功能包括计算机辅助工艺规程设计、工艺数据库管理、工艺规程管理等。

6）数控加工自动编程系统，如用于复杂曲面模具加工自动编程系统，用于数控线切割、数控车床、数控铣床、数控磨床、加工中心等加工的自动编程系统。

7）全面质量保证系统（Total Quality Insurance System，简称 TQIS）。

8）车间生产计划控制系统（Shoop-Floor Control System，简称 SFCS）。

9）计算机辅助工程制图系统，其功能包括辅助制图、图样扫描及光栅-矢量混合编辑、图样管理等。

10）计算机辅助设计和计算机辅助工程（CAD/CAE）系统，其功能包括产品的二维设计或三维设计、装配设计、工程分析及优化、工业设计、产品信息管理等。

11）产品综合信息管理系统（PIIMS），其功能是基于统一的数据库和框架，对产品的设计文档、设计辅助数据、产品模型（二维或三维）、版本信息、工程图样、工艺规程、工艺数据、数控加工程序等各项信息实行统一管理。

前 8 个模块主要完成制造企业生产管理中的控制和执行功能，属于计算机辅助制造（CAM）范畴。其中，车间生产计划控制系统是对 CAM 各个功能模块的大集成。通过它，可以实现集成的 CAM 系统，这种集成系统称为车间及计算机集成制作系统。

后 3 个模块主要完成企业的产品设计功能，属于计算机辅助设计（CAD）范畴。其中，产品综合信息管理系统实现了 CAD 与 CAM 之间的集成，并为 CAD/CAM 系统与计算机集成制造系统（CIMS）的其他子系统之间交换和共享信息提供良好的交互界面支持。但此项功能基本上很少出现在目前的 CAD 系统中，而是被某些软件厂商单独做成一个产品，比如图档管理系统由专门的产品数据管理系统（PDM）来实现。

5.2.3　CAD/CAM 系统的发展趋势

1. 集成化

把产品从原材料到产品设计、产品制造全过程纳入到 CAD/CAM 系统中去，这样才能实现设计制造过程的自动化和最优化。CAD/CAM 系统集成如图 5-15 所示。

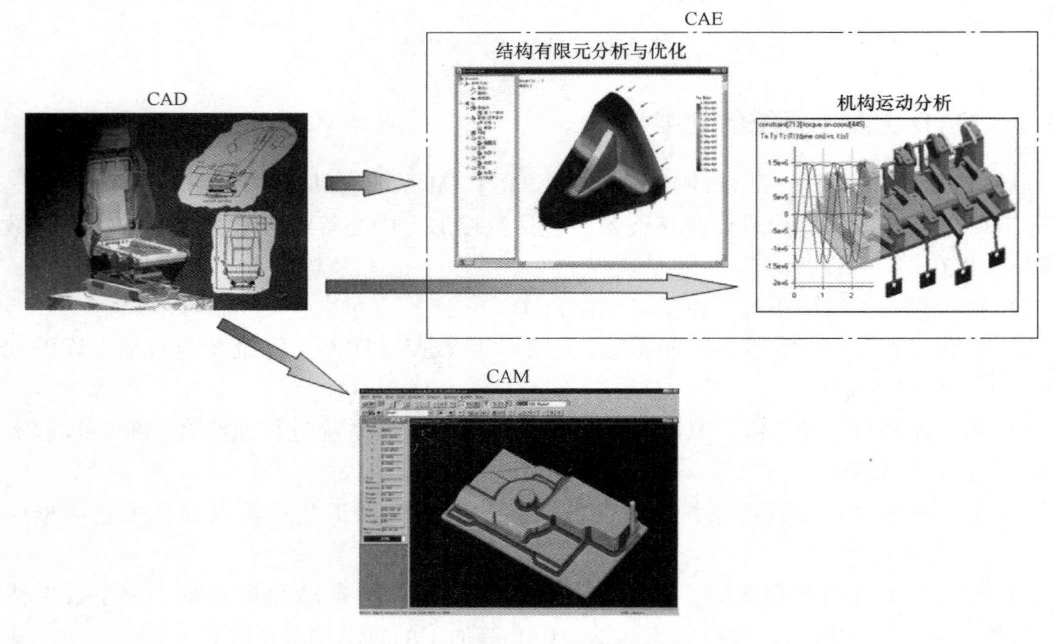

图 5-15　CAD/CAM 系统集成

2. 智能化

以往 CAD 系统比较重视软件数值计算和几何建模功能的开发，而忽视了非数据非算法的信息处理功能的开发，如方案的设计、选择、优化和决策等都需要通过思考、推理、判断来解决，影响了 CAD 系统的实际应用效果。因此，现在大型 CAD/CAM 系统都很注重软件智能化的开发，随着技术的日趋成熟，人们将人工智能技术、知识工程和专家系统等技术引入到 CAD/CAM 领域中，形成智能的 CAD/CAM 系统。

3. 标准化

随着 CAD/CAM 技术的快速发展和广泛应用，技术标准化问题更显重要。由于 CAD/CAM 标准体系既是开发应用 CAD/CAM 软件的基础又是促进 CAD/CAM 技术普及应用的约束手段，因此各国都在积极研究制定 CAD/CAM 标准体系。

4. 网络化

通过计算机网络，分散在不同地点的设计人员可以实现异地信息共享，一个项目可以由多家企业、多个人在不同地点共同完成，也可以将分散在不同地区的人力资源和设备资源迅速加以组合，建立动态联盟的制造体系。

5. 最优化

产品设计和工艺过程的最优化始终是人们追求的目标。先进制造技术带动了先进设计技术的同步发展，使得传统 CAD 技术有了很大的扩展，人们将这些扩展的 CAD 技术总称为“现代 CAD 技术”。现代 CAD 技术是在复杂的大系统环境下，支持产品自动化设计的理论和方法、设计环境、设计工具各相关技术的总称，能使设计工作实现集成化、网络化和智能化，进一步提高产品质量，降低成本，缩短设计周期。功能集成的现代 CAD 系统如图 5-16 所示。

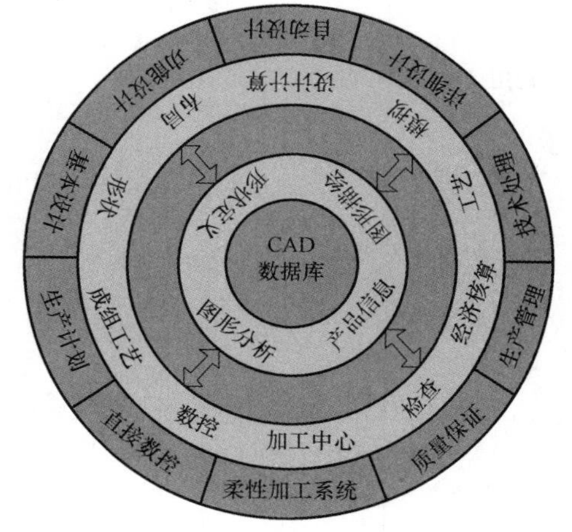

图 5-16　现代 CAD 系统

5.3　工业机器人

5.3.1　概述

机器人（Robot）是“一种可编程和多功能的操作机，或是为了执行不同的任务而具有可用计算机改变和可编程动作的专门系统”。机器人工业诞生于 20 世纪 50 年代的美国，经过几十年的发展，已被不断地应用到社会众多领域。和计算机技术一样，机器人技术正在日益改变着我们的生产方式和生活方式。

机器人的应用范围已涵盖国防、航空航天、工业生产、医疗、服务、助老康复、教育甚至普通家庭生活。目前，国际上机器人市场大概有 80～100 亿元，其中工业机器人占的比重最大。预计到 2025 年，整个机器人市场将达到 500 亿元，服务机器人将增加到 1200 多万台。另外，微软等 IT 企业、丰田、奔驰等汽车公司，甚至还有家具、卫生洁具企业都纷纷参与机器人的研制。美国和日本多年来引领国际机器人的发展方向，代表着国际上机器人领域的最高科技水平。据统计，2013 年全球工业机器人销售量约为 17.9 万台，需求达到了历史最高点，同比增长 12%。其中，在中国销售量约为 3.7 万台，销售量全球排名第一，同比增长 60%。中国成为最大的机器人消费国。

机器人的大量应用不仅极大地保证和提高了产品的质量和生产率，而且降低了成本，提升了企业核心竞争力。因此，机器人产业将是继汽车、计算机、IT 之后出现的新的大型高技术产业，其发展趋势是向高速、高精、重载、轻量化和智能化方向发展。目前，发达国家以机器人为核心构建自动化生产线已成为一种趋势，尤其在汽车及汽车零部件制造业。例如德国制造业每万名工人中拥有工业机器人 162 台，汽车行业为 1140 台。

机器人的应用范围见表 5-3。

表 5-3　机器人的应用范围

产业	机器人应用方面	产业	机器人应用方面
通用机械	工件搬运、装配、检测 零部件焊接 铸件去毛刺 工件研磨 激光切割、等离子切割 自动仓库堆垛、包装 自动生产线及 CIMS 系统	食品	包装、搬运 洁净包装
		家电及家具	装配、搬运 打磨、抛光、喷漆 玻璃制品的切割、雕刻
汽车及零部件	弧焊、点焊 搬运、装配、冲压 喷涂、涂胶 水、激光、等离子切割	农、林、渔业	剪羊毛、摘果、剪枝、伐木 猪、鸡、鱼肉的自动切割加工、分选包装
电子和电气	插件、搬运 洁净装配、检测 自动传输线	医疗及护理	神经外科手术用感觉机器人 X 射线照相自动诊断机器人 内脏器官、血管的检查 手术微型机器人 护理病人机器人 残肢和人造假肢
冶金钢铁	钢、合金锭等搬运、码垛 铸件去毛刺、浇口切割		
石油采矿	油罐、管道清洁、喷涂、检验 矿藏开采中钻孔、喷浆输送		
化工纺织	纱锭的搬运、包装、码垛 橡胶、尼龙等的切割、检测	家庭自动化	卫生、洗盘、安全设备 防火、救援
电力电站	动力线自动布线 变电站自动巡查 高压管检查、水管清理维护 核反应堆的检查、维修、拆卸	海洋	海底勘测与开采机器人 海底设备的维护和建造
建筑建材	防火涂料喷涂、内饰喷涂 外墙的清洗、检查、喷涂 混凝土地面修整、贴瓷砖 桥梁的自动检查、涂漆 细管和电缆的地下铺设、 检修建材的搬运、输送、包装 卫生器具的喷釉、焙烧等	空间	空间站的装配、检查、修理 飞行器修复 资源的收集、分析
		军事	防爆、检测放射性 军火的搬运及销毁

5.3.2　工业机器人操作机

机器人从应用环境角度可以分为两类：制造环境下的工业机器人和非制造环境下的服务与仿人型机器人。所谓工业机器人就是面向工业领域的多关节机械手或多自由度机器人。机器人一般由执行机构、驱动装置、检测装置、控制系统和复杂机械等组成。大多数机器人操作机的功能类似人臂，如图 5-17 所示。

1. 机器人的自由度

机器人的自由度表示机器人动作灵活的程度，用机器人具有的运动副数目表示，这和物理中所说的刚体自由度不同。

2. 机器人的分类

机器人根据坐标形式分为4种。

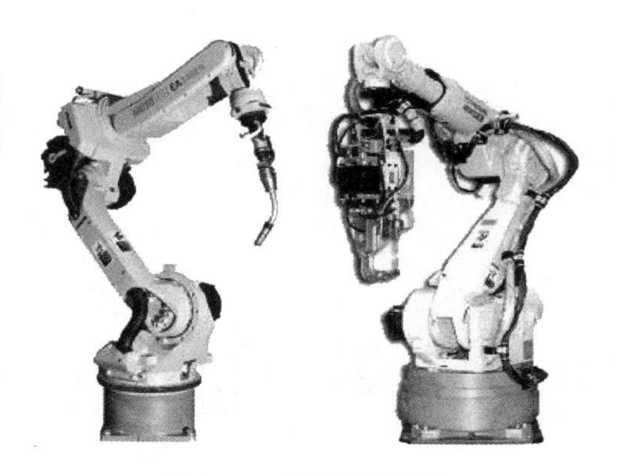
图5-17 机器人操作机

（1）直角坐标型操作机 如图5-18所示。

这种操作机的特点是手部在空间三个相互垂直的 X、Y、Z 方向上做直线移动，运动是独立的，其控制简单，运动直观，容易达到高精度，但操作灵活性差，运动速度较低，操作范围较小而占据的空间相对较大。

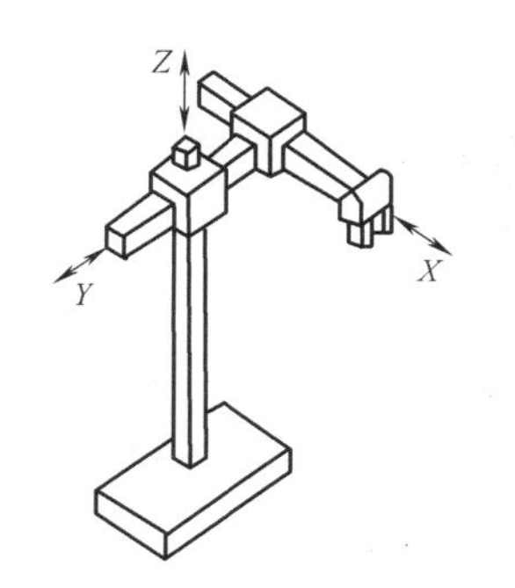

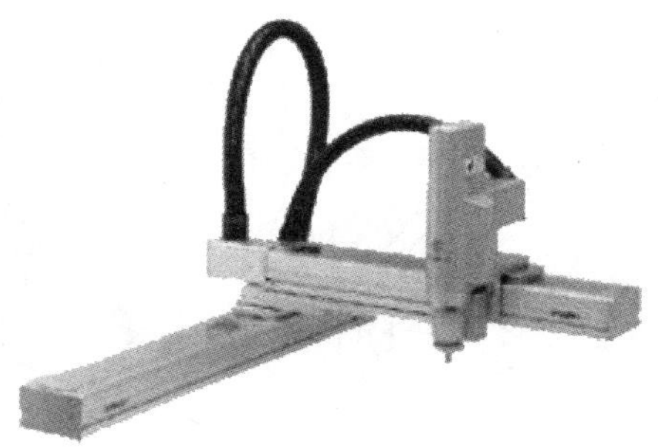
图5-18 直角坐标型操作机

（2）圆柱坐标型操作机 如图5-19所示。

这种操作机的特点是在水平转台上装有立柱，水平臂可沿立柱上下运动并可在水平方向伸缩，其工作范围较大，运动速度较高，但随着水平臂沿水平方向伸长，其线位移分辨精度将越来越低。

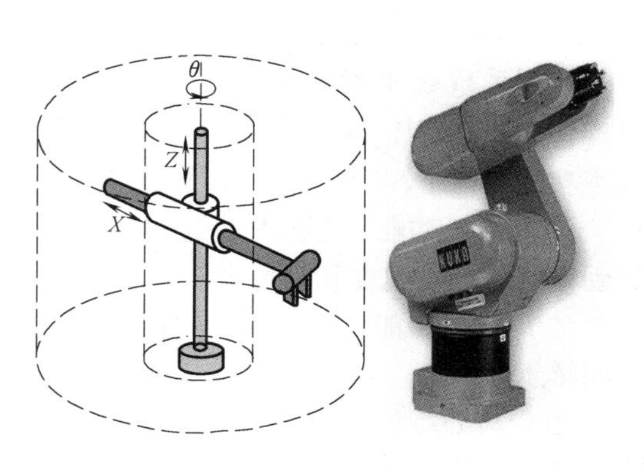

图5-19 圆柱坐标型操作机

（3）球坐标型操作机 如图5-20所示。

这种操作机的特点是工作臂不仅可绕垂直轴旋转，还可绕水平轴做俯仰运动，且能沿手臂轴线做伸缩运动，其操作比圆柱坐标型操作机更为灵活，并能扩大机器人的工作空间，但旋转关节反映在末端执行器上的线位移分辨率是一个变量，不利于控制。

（4）关节型操作机 如图5-21所示。

这种操作机的特点是由多个关节连接的机座、大臂、小臂和手腕等构成，大小臂既可在垂直于机座的平面内运动，也可绕垂直轴转动。其操作灵活性最好，运动速度较高，操作范围大，但精度受手臂位置和姿态的影响，实现高精度运动比较困难。图5-22所示为机器人

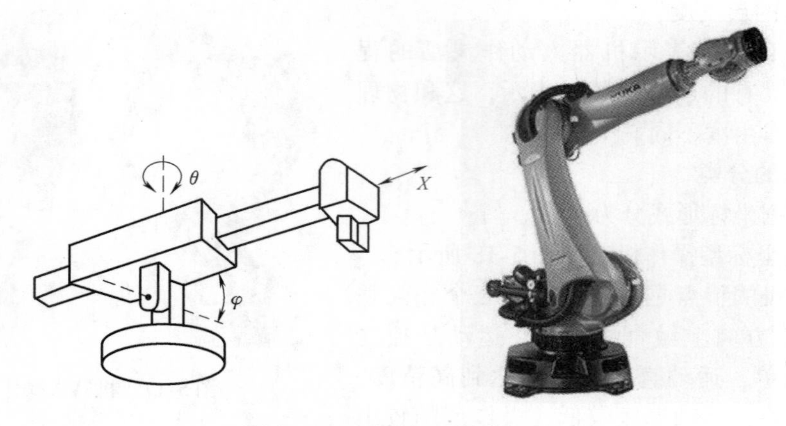

图 5-20　球坐标型操作机

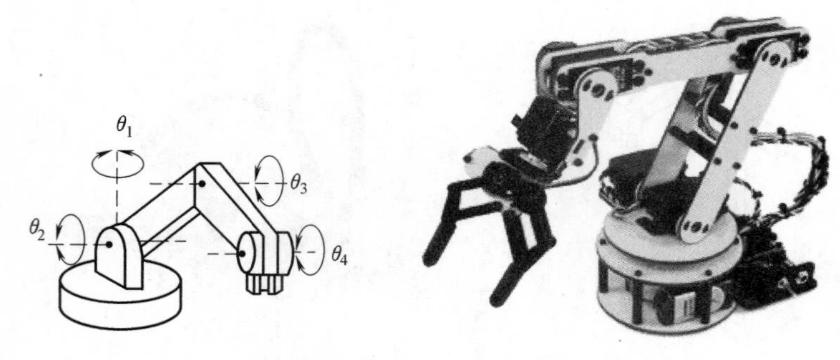

图 5-21　关节型操作机

在数控车床上加工。

3. 机器人控制系统

控制系统是机器人的重要组成部分，用于对操作机的控制，以完成特定的工作任务。其基本功能有以下 8 个。

图 5-22　机器人数控车床上加工

（1）记忆功能　存储作业顺序、运动路径、运动方式、运动速度和与生产工艺有关的信息。

（2）示教功能　分为离线编程、在线示教和间接示教。

（3）与外围设备联系功能　包括输入和输出接口、通信接口、网络接口、同步接口等。

（4）坐标设置功能　具有关节、绝对、工具、用户自定义 4 种坐标系。

（5）人机接口　是人和机器人之间进行信息交换的主要通道，主要有示教盒、操作面板、显示屏等。

（6）传感器接口　实现位置、视觉、触觉、力觉的检测等。

（7）位置伺服功能　是机器人将电信号转化为机械运动的设备，包括机器人多轴联动，运动、速度和加速度控制，动态补偿等。

（8）故障诊断安全保护功能　具有系统运行状态监视、故障状态下的安全保护和故障自诊断功能。

4. 机器人的编程

机器人的编程是指机器人代替人进行作业时，必须预先对机器人发出指示，规定机器人应完成的工作和作业的具体内容的过程，又称为对机器人的示教。机器人的编程有三种方式。

（1）物理设置编程系统　由操作者设置固定的限位开关，实现起动、停车的程序操作和简单的拾起和放置作业。

（2）在线编程　是通过人的示教来完成操作信息的记忆过程的编程方式，分直接示教、模拟示教、示教盒示教等方式。其中直接示教就是人们常说的手把手示教，由人直接搬动机器人的手臂对机器人进行示教，如示教盒示教或操作杆示教等。在这种示教中，为了示教方便及获取信息快捷而准确，人们可选择在关节、直角、极坐标、工具、工件等不同的坐标系下示教。

（3）离线编程　不对实际作业的机器人直接进行示教，而是脱离实际作业环境生成示教数据，间接地对机器人进行示教，又称为离线示教。在离线编程中，机器人不产生实际运动，而是通过使用计算机内存储的CAD模型，在示教结果的基础上对机器人的运行进行仿真，从而确定示教内容是否恰当及机器人是否按人们期望的方式运动。

5. 机器人用传感器

利用传感器从机器人内部和外部获得有用信息，对机器人的手足位置、速度、姿态等进行测量和控制，对提高机器人的运动效率和工作效率、节省能源、防止危险都是非常重要的。机器人用传感器按用途可分为内部传感器和外部传感器。

（1）内部传感器　装在操作机上，包括位移、速度、加速度传感器，用于检测机器人操作机的内部状态，并向伺服控制系统反馈信号。

（2）外部传感器　如视觉、触觉、力觉、距离等传感器，用于检测作业对象及环境与机器人的联系。

6. 机器人驱动系统

机器人驱动系统按照动力源可分为液压、气动、电动三种基本类型，其简要特点见表5-4。

表5-4　三种基本驱动系统的简要特点

内容	驱动方式		
	液压驱动	气动驱动	电动驱动
安全性	防爆性能较好，用液压油做传动介质，在一定条件下有火灾危险	防爆性能好，高于1000kPa时应注意设备的抗压性	设备自身无爆炸和火灾危险，直流有刷电动机换向时有火花，对环境的防爆性能较差
环境影响	易漏油，对环境有污染	排气时有噪声	无
应用	适用于重载、低速驱动，电液伺服系统适用于喷涂机器人、点焊机器人和搬运机器人	适用于中小负载驱动、精度要求较低的有限点位程序控制机器人，如冲压机器人本体的气动平衡及装配机器人气动夹具	适用于中小负载、要求具有较高的位置控制精度和轨迹控制精度、速度较高的机器人，如AC伺服喷涂机器人、点焊机器人、弧焊机器人、装配机器人等

（续）

内容	驱动方式		
	液压驱动	气动驱动	电动驱动
成本	液压元件成本较高	成本低	成本高
维修使用	方便，但油液对环境温度有一定要求	方便	较复杂

5.3.3 工业机器人的应用案例

工业机器人用途很广，型号达数百种，在此仅介绍三种典型应用。

1. 机器人焊装线

20世纪90年代，国内的汽车车身制造厂就开始引进、应用焊接机器人，年产量达10万辆以上的车身制造厂几乎都采用了机器人焊装线。采用机器人焊装线不仅提高了车身整车及零部件生产的自动化水平及生产率，而且由于机器人焊装生产线具有柔性，使汽车车身，特别是轿车车身的改型生产在技术上得到了基本解决，同时车身的焊接质量也得到了保证。例如：使用点焊机器人焊接“红旗”轿车的前、后风窗洞，左、右侧围门洞，三角窗洞，提高了国产轿车焊装技术水平及焊接质量，如图5-23所示。

2. 装配机器人

装配在现代工业生产中占有十分重要的地位。有关资料统计表明，装配占产品生产劳动量的50%～60%，而在电子厂的芯片装配、电路板的生产中，装配工作占劳动量高达70%～80%。

图5-23　红旗轿车机器人焊接线

随着装配生产线的应用，手工装配已无法满足装配效率和装配质量的要求，而机器人可不知疲倦地长时间工作，并且具有较高的重复定位精度，可提高产品的装配精度，减少废品率，降低成本。因此，采用机器人来实现自动化装配作业是十分重要的。

用两台SCARA型装配机器人装配计算机硬盘的系统如图5-24所示。

硬盘装配机器人由一条传送线、两个装配工件供应单元组成，其中一个单元供应A～E 5个工件，另一个单元供应螺钉。传送线上的传送平台是装配作业的基础平台，一台机器人负责把A～E 5个工件按装配位置互相装好，另一台机器人配有拧螺钉手爪，专门把螺钉安装到工件上并保证一定的拧紧力矩，全部系统要求在超净环境下工作。

汽车装配生产线如图5-25所示。

3. 弧焊机器人的应用

焊接是工业生产中重要的工艺流程和加工手段，广泛应用在汽车、摩托车以及其他工程机械的整机装配和零部件加工过程中。目前，随着汽车制造业的迅速发展，对许多构件的焊接精度和速度等指标提出越来越高的要求，一般工人已难以胜任这一工作；此外，焊接时的

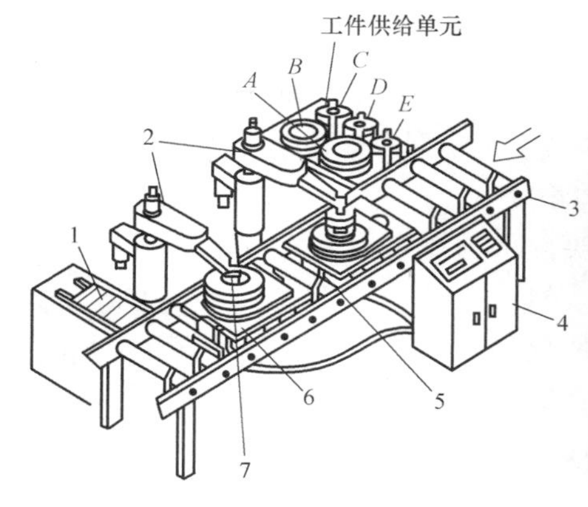

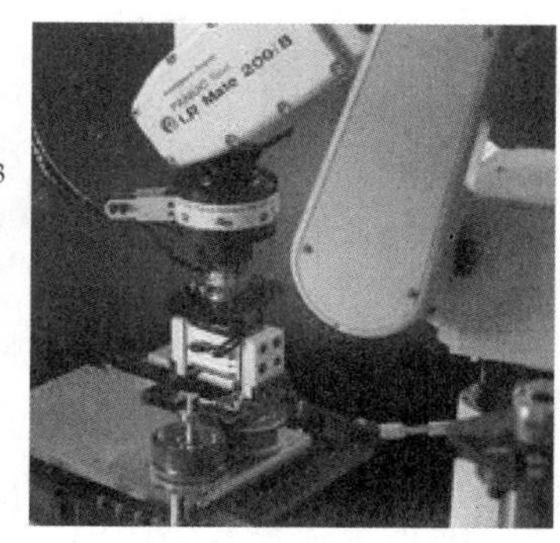

图 5-24 机器人装配计算机硬盘

1—供给单元 2—装配机器人 3—输送滚道 4—控制器

5—定位器 6—随行夹具 7—拧螺钉器 A～E—待装工件

火花及烟雾等对人体也将造成危害。因此，焊接过程的完全自动化和智能化已成为重要的研究课题，其中最为重要的就是要应用焊接机器人。弧焊机器人主要应用于汽车制造业，在通用机械、金属结构等许多行业中也都有应用。弧焊机器人如图 5-26 所示。

图 5-25 汽车装配生产线

图 5-26 弧焊机器人

阅读材料

特种机器人

特种机器人是除工业机器人之外的、用于非制造业并服务于人类的各种先进机器人，包括服务机器人、水下机器人、娱乐机器人、军用机器人、农业机器人、机器人化机器等。在特种机器人中，有些分支发展很快，有形成独立体系的趋势，如服务机器人、水下机器人、军用机器人、微操作机器人等。

例如：在军用机器人家族中，无人机是科研活动最活跃、技术进步最大、研究及采购经费投入最多、实战经验最丰富的领域。无人驾驶飞机简称“无人机”，实质上是一种空中机器人，又叫无人机器，英文缩写为“UAV”，是利用无线电遥控设备和自备的程序控制装置操纵的不载人飞机，如图 5-27 所示。

5.4 柔性制造系统技术

图 5-27 无人机

20 世纪 60 年代以前，刚性自动化生产系统或生产线已有长足的进步，对于大批量生产具有效率高、成本低、质量好、程序固定等优点，对生产水平的提高起到了很大的作用。然而，面对日益增长的用户需求多样化、个性化的市场，这种刚性系统越来越暴露出其内在缺陷，即产品转产或换型后原生产工艺装备改造费用大，周期长，调整困难甚至无法调整。在市场牵引和技术推动下，20 世纪 60 年代中期就出现了柔性制造的新理念和新模式，1967 年英国莫林公司率先推出著名的“莫林系统-24”（Molins System-24）柔性制造系统。

5.4.1 概述

（1）柔性制造（Flexible Manufacturing，简称 FM） 是指用可编程、多功能的数字控制设备更换刚性自动化设备；用易编程、易修改、易扩展、易更换的软件控制代替刚性连接的工序过程，使刚性生产线实现柔性化，以快速响应市场的需求，更有效率地完成多品种、中小批量的生产任务。

需要特别指出的是，柔性制造中的柔性具有多种含义，除了加工柔性外，还包含设备柔性、工艺柔性、产品柔性、流程柔性、批量柔性、扩展柔性和生产柔性。

（2）柔性制造单元（Flexible Manufacturing Cell，简称 FMC） 是由一台或几台设备组成，在保证毛坯和工具储量的情况下，具有部分自动传送和监控管理功能，并具有一定的生产调度能力的独立的自动加工单元。高档的 FMC 可进行 24h 无人运转。FMC 工件和物料装卸有如下几种方式。

1）数控机床配上机械手，由机械手完成工件和物料的装卸。

2）加工中心配上托盘交换系统，将加工工件装夹在托盘上，通过拖动托盘，可以实现加工工件的流水线式加工作业。

（3）柔性制造系统（Flexible Manufacture System，简称 FMS） 将 FMC 进行扩展，增加必要的加工中心数量，配备完善的物料和刀具运送管理系统，并通过一套中央控制系统管理生产进度，对物料搬运和机床群的加工过程实行综合控制，就可以构成一个完善的 FMS。

FMS 的基本构成框架如图 5-28 所示。

FMS 由控制与管理、加工、物流三个子系统构成。

1）控制与管理系统可以实现在线数据的采集和处理、运行仿真和故障诊断等功能。

2）加工系统能实现自动加工多种工件、更换工件和刀具及工件的清洗和测试功能。

3）物流系统由工件流和刀具流组成，能满足变节拍生产的物料自动识别、存储、输送和交换要求，并实现刀具的预调和管理等功能。

这三个子系统有机地结合，构成了 FMS 的能量流、物料流和信息流。

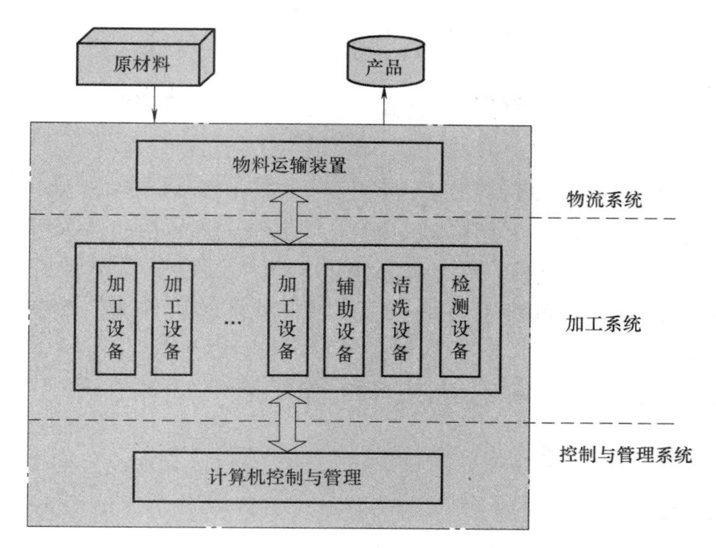

图 5-28　FMS 的基本构成框架

自动流水线作业的物流设备和加工工艺相对固定，只能加工一个或相似的几个品种的零件，缺少灵活性，所以也称为固定自动化或刚性自动化，适用于大批量、少品种的生产。单台数控机床的加工灵活性好，但相对于自动流水线来说生产率低，制造成本高，适用于小批量、多品种生产。柔性制造单元或柔性制造系统综合了自动流水线和单台数控机床的优点，将几台 NC 与物料输送设备、刀具库等通过一个中央控制单元连接起来，形成既具有一定柔性又具有一定连续作业能力的加工系统，适用于中等批量、中等品种生产。

5.4.2　FMS 的加工系统

1. 加工系统的构成

FMS 中的加工系统是实际完成加工任务，将工件从原材料转变为产品的执行装置。它主要由数控机床、加工中心等加工设备构成，并带有工件清洗、在线检测等辅助设备。目前 FMS 的加工对象主要有棱柱体和回转体两类。

（1）加工棱柱体类工件　由立式、卧式加工中心，数控组合机床和托盘交换器组成。

（2）加工回转体类工件　由数控车床、切削中心、数控组合机床和上、下料机械手或机器人及棒料输送装置等构成。

2. 加工系统的配置

一般来说，为了适应不同的加工要求，增加 FMS 的适应性，FMS 最少应配备 4 ~ 6 台以上的数控加工设备。

（1）配置原则　配置原则主要有以下几条。

1）配多功能数控机床、加工中心等，以便集中工序，减少工位数和物流负担，保证加工质量。

2）选用模块化结构，外部通信功能和内部管理功能强，内装可编程序控制器含有用户宏程序的数控系统，以容易连接上下料、检测等辅助设备并增加各种辅助功能等，保证控制功能强、可扩展性好。

3）选用切削功能强、加工质量稳定、生产率高的机床，采用高刚度、高精度、高速度的切削加工。

4）节能降耗，导轨油可回收，排屑处理快速、彻底，以延长刀具使用寿命等，节省系统运行费用，经济性好。

5）操作性好、可靠性好、维修性好，具有自保护和自维护性，能设定切削力过载保护、功率过载保护、运行行程和工作区域限制等，具有故障诊断和预警等功能。

6）对环境适应性与保护性好。对工作环境的温度、湿度、噪声、粉尘等要求不高，各种密封件性能可靠无泄漏，切削液不外溅，能及时排除烟雾、异味，噪声振动小，能保护良好的工作环境。

（2）配置方式　有并联、串联、混合三种配置方式。

5.4.3　FMS 中的物流管理

1. 工件流支持系统

工件在柔性制造系统中的流动，是输送和存储两种功能的结合，包括夹具系统、工件输送系统、自动化仓库及工件装卸工作站。

（1）夹具系统　在柔性制造系统中，加工对象多为小批量多品种的产品，采用专用夹具会降低系统的柔性，因此多采用组合夹具、可调整夹具、数控夹具或托盘等装夹方式。

（2）工件输送系统　工件输送系统决定 FMS 的布局和运行方式，一般有直线输送、机器人输送、环形输送等方式。

（3）自动化仓库　FMS 中输送线本身的储存能力一般较小，当须加工的工件较多时，大多设立自动化仓库。可细分成以下两种。

1）平面自动化仓库，主要应用于大型工件的存储。

2）立体自动化仓库是通过计算机和控制系统将搬运、存取、储存等功能集于一体的新型自动化仓库。

自动化仓储系统如图 5-29 所示。

根据不同的立体仓库使用要求，配置多种形式的堆垛机，如图 5-30 所示。

图 5-29　自动化仓储系统

图 5-30　堆垛机

（4）工件装卸工作站　主要有毛坯入库工作站和成品出库工作站。

1）入库工作站位于 FMS 物料输入的开始部位。

2）出库工作站位于 FMS 的物料输出部分。

2. 刀具流支持系统

刀具流支持系统主要由中央刀具库、刀具室、刀具装卸站、刀具交换装置及刀具管理系统几部分组成，如图 5-31 所示。

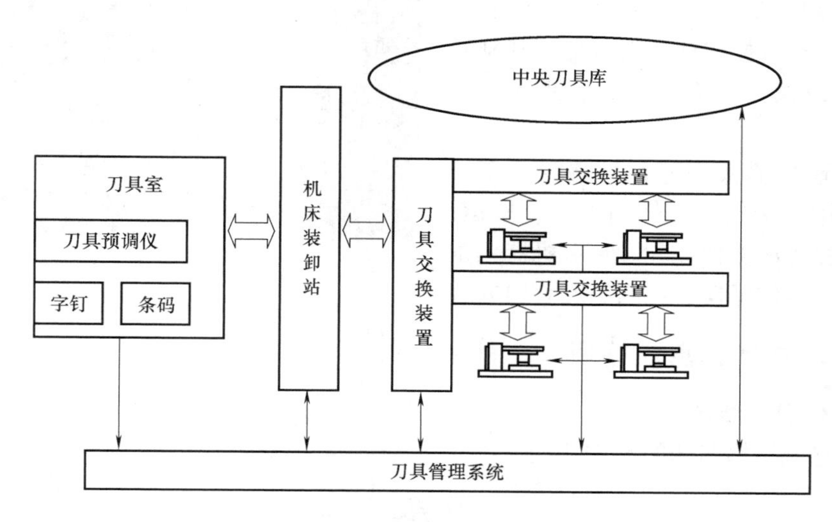

图 5-31　FMS 刀具流支持系统

1）中央刀具库是刀具系统的暂存区，它集中储存 FMS 的各种刀具，并按一定位置放置。中央刀具库通过换刀机器人或刀具传输小车为若干加工单元进行换刀服务。不同的加工单元可以共享中央刀具库的资源，提高系统的柔性程度。

2）刀具室是进行刀具预调及刀具装卸的区域，刀具进入 FMS 以前，应先在刀具预调仪（也称对刀仪）上测出其主要参数，安装刀套，打印钢号或贴条形码标签，并进行刀具登记，然后将刀具挂到刀具装卸站的适当位置，通过刀具装卸站进入 FMS。

3）刀具装卸站负责刀具进入或退出 FMS，或 FMS 内部刀具的调度，其结构多为框架式。装卸站的主要指标有刀具容量、可挂刀具的最大长度、可挂刀具的最大直径、可挂刀具的最大重量。为了保证机器人可靠地取刀和送刀，还应该对刀具在装卸站上的定位精度进行一定的技术要求。

4）刀具交换装置一般是指换刀机器人或刀具输送小车，它们完成刀具装卸站与中央刀库或中央刀库与加工机床之间的刀具交换。刀具交换装置按运行轨道的不同可分为有轨和无轨两种。实际系统多采用有轨装置，价格较低且安全可靠。无轨装置一般要配有视觉系统，其灵活性大，但技术难度大，造价高，安全性还有待提高。

5）刀具管理系统主要包括刀具存贮、运输和交换、刀具状况监控、刀具信息处理等部分。现在刀具管理系统的软件系统一般由刀具数据库和刀具专家系统组成。

3. 输送设备

物流系统中的输送设备主要有输送机、输送小车和工业机器人等。

（1）输送机　具有连续输送和单位时间输送量大的特点，常应用于环路型布局的 FMS 中。其结构形式有滚子输送机、链式输送机和直线电动机输送机。

（2）输送小车　一种无人驾驶的自动搬运设备，分有轨小车和无轨小车两种类型。有轨小车由平行导向钢轨和在其上行走的小车组成，利用定位槽销等机械结构控制小车的准确停靠，其定位精度高达 0.1mm。有轨小车 AGV 如图 5-32 所示。无轨小车没有导向的钢轨，小车直接在地面上行走，其制导方式主要有磁性、光学、电磁、激光、扫描等。

图 5-32　有轨小车 AGV

（3）工业机器人　一种可编程的多功能操作手，用于物料、工件和工具的搬运，通过可变编程完成多种任务。它由机器人本体、执行机构、传感器和控制系统等构成。

5.4.4　FMS 中的信息流管理

1. FMS 信息流结构

FMS 信息流结构图如图 5-33 所示。

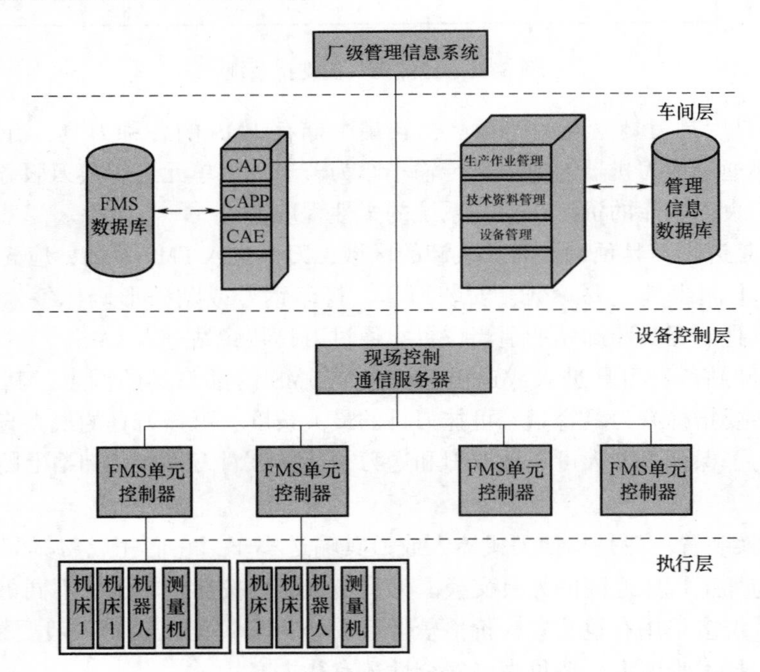

图 5-33　FMS 信息流结构

信息流子系统是 FMS 的核心组成部分，它完成 FMS 加工过程中系统运行状态的在线监测，数据采集、处理、分析等任务，控制整个 FMS 的正常运行。信息流子系统的核心是分布式数据库管理和控制系统，按功能可分为四个层次。

（1）厂级信息管理　指总厂的生产调度、年度计划等信息。

（2）车间层　它一般包括两个信息单元，即设计单元和管理单元。设计单元主要控制产品设计、工艺设计、仿真分析等设计信息的流向。管理单元管理车间级的产品信息和设备信息，包括作业计划、工具管理、在制品（包括半成品、毛坯）管理、技术资料管理等。

（3）设备控制单元层　为设备控制级，包括现场生产设备、辅助工具以及现场物流状态的各种控制设备。

（4）执行层　各种现场生产设备，主要是加工中心或数控机床在设备控制单元的控制下完成规定的生产任务，并通过传感器采集现场数据和工况，以便进行加工过程的监测和管理。

2. FMS 信息流的特征

按 FMS 所管理的信息范围和控制对象，可分为以下五类。

（1）刀具信息　包括刀具的参数、使用状况、安装形式、刀具损坏原因、刀具处理情况、刀具使用频率统计和归属机床等。

（2）机床状态信息　包括机床是否处于工作状况，机床的工况、机床故障发生情况、机床故障排除情况、机床加工参数等。

（3）运行状态信息　包括小车的工况、托盘的工况、中央刀库刀具所处状态（空闲或正在某机床上工作）、工件的位置、测量站工况、机器人工况、清洗站工况等。

（4）在线检测信息　主要指所加工产品的合格情况，不合格产品应进行报废或返工的处理等。图 5-34 所示为三坐标测量机。

（5）系统安全信息　包括供电系统的安全情况，系统本身的安全情况，系统工作环境的安全情况（如环境温度、湿度等），系统工作设备的安全信息（如小车保证不会相互碰撞、刀具安装可靠），以及工作人员的安全情况等。

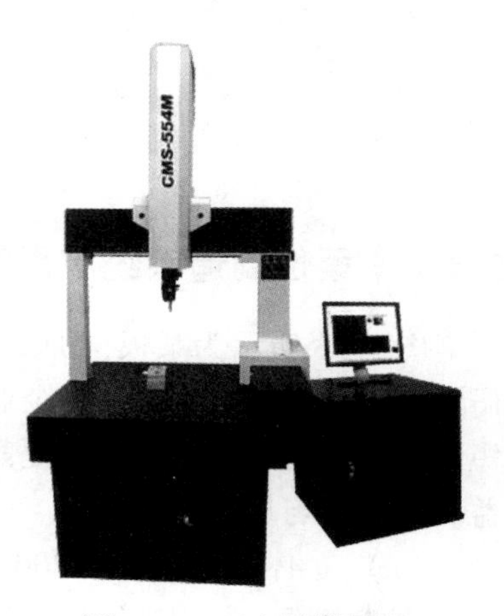

图 5-34　三坐标测量机

3. FMS 信息流程

FMS 的信息运行流程如图 5-35 所示。

5.4.5　FMS 的发展趋势

（1）小型化　为了适应众多中小型企业的需要，FMS 开始向小型、经济、易操作和易维修的方向发展，因此开始得到众多用户的认可。

（2）模块化和集成化　为了利于用户按需要有选择地分期购买设备，逐步扩展和集成 FMS，FMS 的软硬件都向模块化方向发展，并由这些基本模块集成 FMS，这样也利于今后以 FMS 为基础进一步集成到 CIMS。

（3）性能不断提高　采用各种新技术，提高加工精度和加工效率，综合利用先进的检测手段、网络、数据库和人工智能技术，提高 FMS 各个环节的自我诊断、自我排错、自我积累、自我学习能力。

（4）应用范围逐步扩大　一方面，从加工批量上，FMS 向适合单件和大批量方向扩展；另一方面，FMS 从传统的金属切削加工向金属热加工、装配等整个机械制造范围发展。

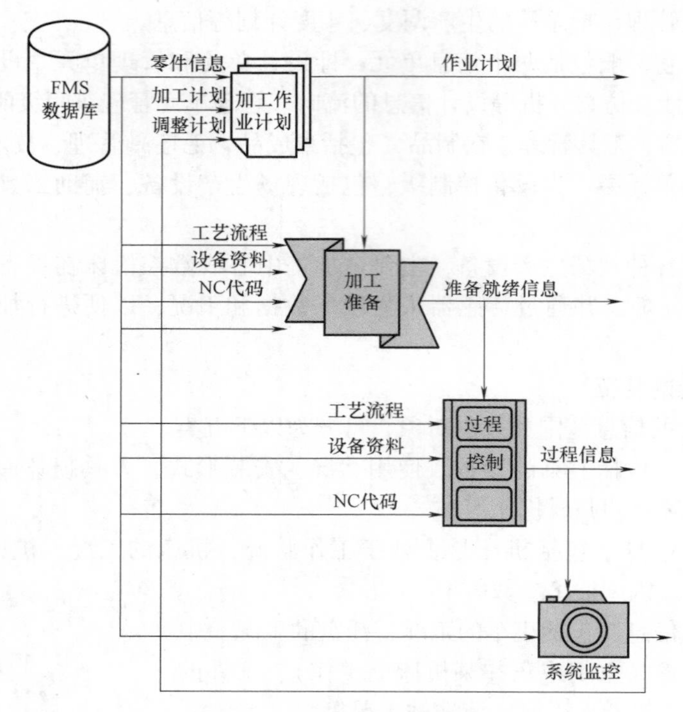

图 5-35　FMS 的信息运行流程

5.4.6　柔性制造系统应用案例

图 5-36 所示为某板材加工 FMS 生产线，是由芬兰著名跨国机床生产企业 FINN-POWER 研制的。国内某电器制造类企业将其引进并投入使用，对加快该企业的制造信息化进程，缩短新产品研发和制造周期，提升产品市场竞争力都起到了推动作用，已经获得显著的经济效益。其构成与加工流程如下。

（1）立体仓库 NTW3200 和中央计算机　立体仓库主要用于码放原材料和冲剪成品的暂存；中央计算机主要对本条流水线加工进行控制，以及对板材加工程序进行编制。

图 5-36　某板材加工 FMS 生产线

（2）冲剪中心上料台　冲剪中心上料台主要对从立体仓库取出的原材料进行码放，及将自动上料装置的板料输送到冲剪单元，如图 5-37 所示。

（3）冲剪中心　冲剪中心主要对板料按所编零件的程序进行冲、剪操作，如图 5-38所示。

（4）自动下料码垛装置　自动下料码垛装置主要对从冲剪单元下来的成品或半成品进行码放，如图 5-39 所示。

图 5-37　冲剪中心上料台

图 5-38　冲剪中心

（5）自动折弯单元上料装置　自动折弯单元上料装置主要对要经过曲弯工序的零件进行码放，并将其传送到自动曲弯机操作台上，如图 5-40 所示。

图 5-39　自动下料码垛装置

图 5-40　自动折弯单元上料装置

（6）自动折弯单元　自动折弯单元主要对曲弯零件进行曲弯操作，如图 5-41 所示。

（7）板材出入站台　板材出入站台主要对原材料的出入起识别、监控等作用，如图 5-42 所示。

图 5-41　自动折弯单元

图 5-42　板材出入站台

思考与练习题

5-1　简述 CAD/CAM 系统在 CIMS 中的地位。

5-2　简要介绍一下你所熟知的 CAD/CAM 软件。

5-3　数控技术发展趋势有哪些？

5-4　试比较手工编程与自动编程的异同。

5-5　设想一下未来机器人的应用领域。

5-6　FMS 的特点是什么？它的效益主要体现在哪几个方面？

5-7　简述 AGV 的特点。

5-8　试说明 FMS 的组成。

5-9　上网查询机器人的应用案例。

第6章 智能制造技术

学习目标

通过对本章的学习，初步了解智能制造背景，理解智能制造的概念、组成、特征及研究内容；对智能技术与智能装备有所认识。

随着现代制造技术、信息技术和互联网技术的飞速发展，以及新型感知技术和自动化技术的应用，制造业正发生着巨大转变，先进制造技术正在向信息化、自动化和智能化的方向发展，智能制造已经成为下一代制造业发展的重要内容，并正在世界范围内兴起。

6.1 智能制造概述

6.1.1 智能制造的背景

过去人们对制造技术的注意力集中在制造过程的自动化上，从而导致在不断提高制造过程中自动化水平的同时，产品设计及生产管理效率提高缓慢。生产过程中人们的体力劳动虽然得到极大的解放，但脑力劳动的自动化程度（即决策自动化程度）却很低，各种问题的最终决策在很大程度上仍依赖于人的智慧。并且，随着竞争的加剧和制造信息量的增加，这种依赖程度将越来越大。同时，从20世纪70年代开始，发达国家为了追求廉价的劳动力，逐渐将制造业转移到了发展中国家，从而引起本国技术力量向其他行业的转移，但发展中国家专业人才又严重短缺，其结果制约了制造业的发展。因此，制造产业希望通过智能制造减少对人类智慧的依赖，以解决人才供求的矛盾。

1992年美国执行新技术政策，大力支持关键重大技术（Critical Techniloty），包括信息技术和新的制造工艺等，智能制造技术列在其中。美国政府希望借助此举改造传统工业并启动新产业。

加拿大制订的1994—1998年发展战略计划，认为未来知识密集型产业是驱动全球经济和加拿大经济发展的基础，认为发展和应用智能系统至关重要，并将具体研究项目选择为智能计算机、人机界面、机械传感器、机器人控制、新装置及动态环境下系统集成等。

日本在1990年4月倡导“智能制造系统IMS”国际合作研究计划，许多发达国家如美国、欧洲共同体、加拿大、澳大利亚等参加了该项计划。该计划共计划投资10亿美元，对

100 个项目实施前期科研计划，包括了公司集成和全球制造、制造知识体系、分布智能系统控制、快速产品实现的分布智能系统技术等。

欧盟的信息技术相关研究有 ESPRIT 项目，该项目大力资助有市场潜力的信息技术。1994 年又启动了新的 R&D 项目，选择了 39 项核心技术，其中三项（信息技术、分子生物学和先进制造技术）均突出了智能制造的位置。

我国 20 世纪 80 年代末也将“智能模拟”列入国家科技发展规划的主要课题，已取得了一大批相关的基础研究成果和先进制造技术，如专家系统、模式识别、汉语机器、机器人技术、感知技术、工业通信网络技术、控制技术、可靠性技术、机械制造工艺技术、数控技术与数字化制造、复杂制造系统、智能信息处理技术等；攻克了一批长期严重依赖进口并影响我国产业安全的核心高端装备，如盾构机、自动化控制系统、高端加工中心等。国家科技部正式提出了“工业智能工程”，作为技术创新计划中创新能力建设的重要组成部分，智能制造将是该项工程中的重要内容。

2015 年 5 月 19 日，国务院印发的《中国制造 2025》明确了中国制造业大力发展的十大重点领域，其中智能制造是主攻方向或最重要的一个突破口，而“互联网 +”成为最大引擎。

6.1.2 智能制造的内涵

1. 概念

一般认为智能是知识和智力的总和，前者是智能的基础，后者是获取和运用知识求解的能力。智能制造源于人工智能的研究，人工智能就是用人工方法在计算机上实现的智能。

1956 年，在美国逻辑学家布尔（G · Bole）创立的基本布尔代数和用符号语言描述的思维活动的基本推理法则，以及麦克库洛（W · Meculloth）和匹茨（W · Pitts）的神经网络模型的基础上，提出了人工智能的概念。20 世纪 70 年代，人工智能在机器学习、定理证明、模式识别、问题求解、专家系统和智能语言等方面，取得了长足的进展。到 20 世纪 80 年代，人工智能的研究从一般思维规律的探讨发展到以知识为中心的研究方向，各式各样不同功能、不同类型的专家系统纷纷应运而生，出现了“知识工程”新理念，并开始用于制造系统中。

智能制造（Intelligent Manufacturing，简称 IM）是一种由智能机器和人类专家共同组成的人机一体化系统，它在制造过程中能进行智能活动，诸如分析、推理、判断、构思和决策等。通过人与智能机器的合作共事，去扩大、延伸和部分地取代人类专家在制造过程中的脑力劳动。

智能制造面向产品全生命周期，实现感知条件下的信息化制造，是在现代传感技术、网络技术、自动化技术、拟人化智能技术等先进技术的基础上，通过智能化的感知、人机交互、决策和执行技术，实现设计过程智能化、制造过程智能化和制造装备智能化。

应当指出的是，智能制造具有鲜明的时代特征，内涵也不断完善和丰富。一方面，智能制造是制造业自动化、信息化的高级阶段和必然结果，体现在制造过程可视化、智能人机交互、柔性自动化、自组织与自适应等特征；另一方面，智能制造体现在可持续制造、高效能制造，并可实现绿色制造。

2. 组成

智能制造应当包含智能制造技术和智能制造系统两部分。

（1）智能制造技术（Intelligent Manufacturing Techniques，简称IMT） IMT包括人类对制造过程的行为认识，以及对解决制造问题各种方法的认识等，是指在制造工业的各个环节，以一种高度柔性与高度集成的方式，通过计算机模拟人类专家的智能活动，进行分析、判断、推理、构思和决策，旨在取代或延伸制造环境中人的部分脑力劳动，并对人类专家的制造智能进行收集、储存、完善、共享、继承与发展的技术。

在制造过程的各个环节，几乎都广泛应用人工智能技术。专家系统技术可以用于工程设计、工艺过程设计、生产调度、故障诊断等，也可以将神经网络和模糊控制技术等先进的计算机智能方法应用于产品配方、生产调度等，实现制造过程智能化。

（2）智能制造系统（Intelligent Manufacturing System，简称IMS） IMS是一种由智能机器和人类专家共同组成的人机一体化系统。这种系统可以在确定性受到限制，或没有经验知识、不能预测的环境下，根据不完全的、不精确的信息来完成拟人的制造任务。

IMS理念建立在自组织、分布自治和社会生态学机理上，通过设备柔性和计算机人工智能控制，自动地完成设计、加工、控制管理过程，旨在解决适应高度变化环境的制造的有效性。

3. 研究内容

智能制造的支撑技术是人工智能技术、并行工程、虚拟现实技术和信息网络技术。其中IMT的目标是用计算机模拟制造业人类专家的智能活动，取代或延伸人的部分脑力劳动，而这些正是人工智能技术研究的内容。

（1）智能制造理论和系统设计技术　智能制造概念正式提出至今时间不长，其理论基础和技术体系仍在形成过程中，它的精确内涵和关键设计技术仍须进一步研究。其内容包括：智能制造的概念体系，智能制造系统的开发环境与设计方法以及制造过程中的各种评价技术等。

（2）智能制造单元技术的集成　人们在过去的工作中，以研究人工智能在制造领域中的应用为出发点，开发了众多的面向制造过程中特定环境、特定问题的智能单元，形成了一个个“智能化孤岛”，它们是智能制造研究的基础。为使这些“智能化孤岛”面向智能制造，使其成为智能制造的单元技术，必须研究它们在IMS中的集成，并进一步完善和发展这些智能单元。它们包括以下几个方面。

1）智能设计。应用并行工程和虚拟制造技术，实现产品的并行智能设计。

2）生产过程的智能规划。研究和开发创成式CAPP系统，使之面向IMS。创成式CAPP系统不以标准工艺规程为基础，而是从零开始由软件系统根据零件信息直接生成一个新的工艺规程。

3）生产过程的智能调度。

4）生产过程的智能控制。

5）智能检测、诊断和补偿。

6）智能质量控制。

7）生产与经营的智能决策。

8）智能机器的设计。智能机器是IMS中模拟人类专家智能活动的工具之一，因此对智能机器的研究在IMS研究中占有重要的地位。IMS常用的智能机器包括智能机器人、智能加工中心、智能数控机床和自引导小车（AGV）等。

6.2 智能制造的原理与特征

6.2.1 智能制造的原理

1. 基本原理

智能制造系统的本质特征是个体制造单元的“自主性”与系统整体的“自组织能力”，其基本格局是分布式多自主体智能系统。同时考虑基于Internet的全球制造网络环境，可以提出适用于中小企业单位的分布式网络化IMS的基本构架。开发分布式网络化原型系统相应地可由系统经理、任务规划、设计和生产者等部分组成。

1）系统经理包括数据库服务器和系统Agent。数据库服务器，负责管理整个全局数据库，可供原型系统中获得权限的结点进行数据的查询、读取、存储和检索等操作，并为各结点进行数据交换与共享提供一个公共场所。系统Agent则负责该系统在网络与外部的交互，通过Web服务器在Internet上发布该系统的主页，网上用户可以通过访问主页获得系统的有关信息，并根据自己的需求来决定是否由该系统来满足这些需求。系统Agent还负责监视该原型系统上各个结点间的交互活动，如记录和实时显示结点间发送和接收消息的情况、任务的执行情况等。

2）任务规划由任务经理和它的代理（任务经理Agent）组成，其主要功能是对从网上获取的任务进行规划，将其分解成若干子任务，然后通过招标—投标的方式将这些任务分配给各个结点。

3）设计由CAD工具和它的代理（设计Agent）组成，它提供一个良好的人机界面以使设计人员能有效地和计算机进行交互，共同完成设计任务。CAD工具用于帮助设计人员根据用户要求进行产品设计；而设计Agent则负责网络注册、取消注册、数据库管理、与其他结点的交互、决定是否接受设计任务和向任务发送者提交任务等事务。

4）生产者实际上是一个智能制造系统（智能制造单元），包括加工中心和它的网络代理（机床Agent）。该加工中心配置了智能自适应，该数控系统通过智能控制器控制加工过程，以充分发挥自动化加工设备的加工潜力，提高加工效率；具有一定的自诊断和自修复能力，以提高加工设备运行的可靠性和安全性；具有和外部环境交互的能力；具有开放式的体系结构以支持系统集成和扩展。

2. 运作过程

智能制造如图6-1所示。

1）任一网络用户都可以通过访问该系统的主页获得该系统的相关信息，还可通过填写和提交系统主页所提供的用户订单登记表来向该系统发出订单。

2）如果接到并接受网络用户的订单，Agent就将其存入全局数据库，任务规划结点可以从中取出该订单，进行任务规划，将该任务分解成若干子任务，并将这些任务分配给系统上获得权限的结点。

3）产品设计子任务被分配给设计结点，该结点通过良好的人机交互完成产品设计子任

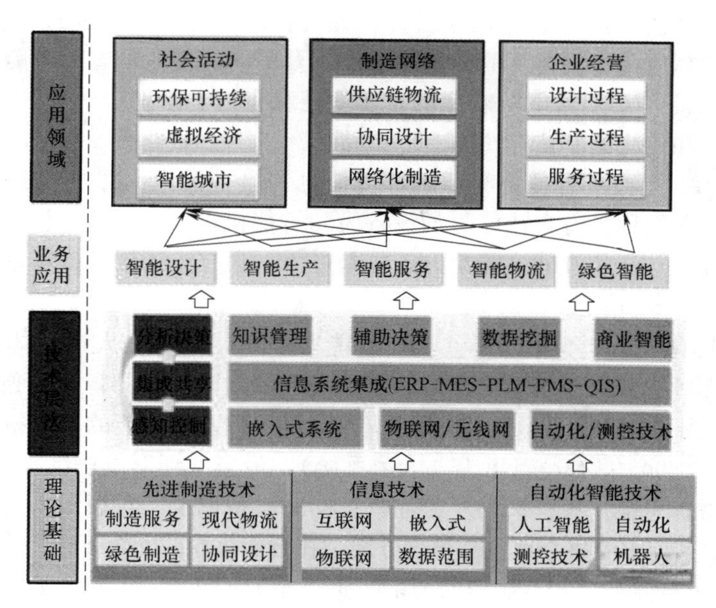

图6-1　智能制造

务，生成相应的CAD/CAPP数据和文档以及数控代码，并将这些数据和文档存入全局数据库，最后向任务规划结点提交该子任务。

4）加工子任务被分配给生产者。一旦该子任务被生产者结点接受，机床Agent将被允许从全局数据库读取必要的数据，并将这些数据传给加工中心，加工中心则根据这些数据和命令完成加工子任务，并将运行状态信息送给机床Agent，机床Agent向任务规划结点返回结果，提交该子任务。

5）在系统的整个运行期间，系统Agent都对系统中的各个结点间的交互活动进行记录，如消息的收发，对全局数据库进行数据的读写，查询各结点的名字、类型、地址、能力及任务完成情况等。

6）网络客户可以了解订单执行的结果。

知识链接

多智能体（Multi-Agent）系统

Agent原为代理商，是指在商品经济活动中被授权代表委托人的一方，后来被借用到人工智能和计算机科学等领域，以描述计算机软件的智能行为，称为智能体。多智能体系统技术对解决产品设计、生产制造乃至产品的整个生命周期中的多领域间的协调合作提供了一种智能化的方法，也为系统集成、并行设计，并实现智能制造提供了更有效的手段。

6.2.2　智能制造的发展需求与特征

智能制造技术是未来先进制造技术发展的必然趋势和制造业发展的必然需求，是抢占产业发展的制高点，是实现我国从制造大国向强国转变的重要保障。我国制造业的规模大，但是总体水平还比较低，培育发展战略性新兴产业和传统制造业转型升级已经成为制造业发展的两个重要任务；迫切需要推进信息化与工业化融合，通过智能制造技术的发展提高我国制造业创新能力和附加值，实现节能减排目标，提升传统制造水平；通过智能制造技术的发展，发展高端装备制造业，创造新的经济增长点，开辟新的就业形态。智能制造也将成为中国从“制造大国”向“制造强国”转变的重要途径和有力支撑。

智能制造系统和传统的制造相比具有以下特征。

（1）自律能力　是指具有搜集与理解环境信息和自身信息，并进行分析、判断和规划自身行为的能力。人们称具有自律能力的设备为“智能机器”——在一定程度上表现出独立性、自主性和个性，甚至相互间还能协调运作与竞争。强有力的知识库和基于知识的模型是自律能力的基础。

（2）人机一体化　IMS不单纯是“人工智能”系统，而且是人机一体化智能系统，是一种混合智能。那种想以人工智能全面取代制造过程中人类专家的智能，独立承担分析、判断、决策等任务是不现实的，也是行不通的。因为，具有人工智能的智能机器只能进行机械式的推理、预测、判断，只有逻辑思维（专家系统），最多做到形象思维（神经网络），完全做不到灵感（顿悟）思维，只有人类专家才真正同时具备以上三种思维能力。人机一体化一方面突出人在制造系统中的核心地位，另一方面，在智能机器的配合下，使人机之间表现出一种平等共事、相互“理解”、相互协作的关系，使二者在不同的层次上各显其能，相辅相成。

（3）自组织与超柔性　是指智能制造系统中的各组成单元可自行组成一种最佳结构，以满足工作任务的需要，并能在运行方式上也表现出柔性，如同一群人类专家组成的群体，具有超柔性。

（4）学习能力与自我维护能力　智能制造系统能够在实践中不断地充实知识库，具有自学习功能，并在运行过程中具有自行故障诊断、排除，自行维护的能力，使智能制造系统能够自我优化并适应各种复杂的环境。图6-2所示为智能信息库。

图6-2　智能信息库

（5）虚拟现实技术　VR可以按照人们的意愿任意变化，这种人机结合的新一代智能界面，是智能制造的一个显著特征。

6.3　智能技术与智能装备

智能制造正日益受到社会的广泛关注，已诞生出很多新的智能技术，而新颖的智能设备也从早期的概念化变成现实产品。

6.3.1　智能技术

目前，智能技术主要包括以下几个方面技术。

1. 新型传感技术

包括高传感灵敏度、精度、可靠性和环境适应性的传感技术，采用新原理、新材料、新工艺的传感技术（如量子测量、纳米聚合物传感、光纤传感等），微弱传感信号提取与处理技术。

2. 模块化、嵌入式控制系统设计技术

包括不同结构的模块化硬件设计技术，微内核操作系统和开放式系统软件技术、组态语言和人机界面技术，以及实现统一数据格式、统一编程环境的工程软件平台技术。

3. 先进控制与优化技术

包括工业过程多层次性能评估技术、基于海量数据的建模技术、大规模高性能多目标优化技术、大型复杂装备系统仿真技术，高阶导数连续运动规划、电子传动等精密运动控制技术。

4. 系统协同技术

包括大型制造工程项目复杂自动化系统整体方案设计技术以及安装调试技术，统一操作界面和工程工具的设计技术，统一事件序列和报警处理技术，一体化资产管理技术。

5. 故障诊断与健康维护技术

包括在线或远程状态监测与故障诊断、自愈合调控与损伤智能识别以及健康维护技术，重大装备的寿命测试和剩余寿命预测技术，可靠性与寿命评估技术。

6. 高可靠实时通信网络技术

包括嵌入式互联网技术，高可靠无线通信网络构建技术，工业通信网络信息安全技术和异构通信网络间信息无缝交换技术。

7. 功能安全技术

包括智能装备硬件、软件的功能安全分析、设计、验证技术及方法，建立功能安全验证的测试平台，研究自动化控制系统整体功能的安全评估技术。

8. 特种工艺与精密制造技术

包括多维精密加工工艺，精密成形工艺，焊接、粘接、烧结等特殊连接工艺，微机电系统（MEMS）技术，精确可控热处理技术，精密锻造技术等。

9. 识别技术

包括低成本、低功耗 RFID 芯片设计制造技术，超高频和微波天线设计技术，低温热压封装技术，超高频 RFID 核心模块设计制造技术，基于深度三位图像识别技术，物体缺陷识别技术。

6.3.2 智能装备

目前，关乎国民经济社会发展的重大智能装备的研发涉及以下几个方面。

1. 石油石化智能成套设备

包括集成开发具有在线检测、优化控制、功能安全等功能的百万吨级大型乙烯和千万吨级大型炼油装置、多联产煤化工装备、合成橡胶及塑料生产装置等。

2. 冶金智能成套设备

包括集成开发具有特种参数在线检测、自适应控制、高精度运动控制等功能的金属冶炼、短流程连铸连轧、精整等成套装备。

3. 智能化成形和加工成套设备

包括集成开发基于机器人的自动化成形、加工、装配生产线及具有加工工艺参数自动检测、控制、优化功能的大型复合材料构件成形加工生产线等。

4. 自动化物流成套设备

包括集成开发基于计算智能与生产物流分层递阶设计、具有网络智能监控、动态优化、高效敏捷的智能制造物流设备等。

5. 建材制造成套设备

包括集成开发具有物料自动配送、设备状态远程跟踪和能耗优化控制功能的水泥成套设备、高端特种玻璃成套设备等。

6. 智能化食品制造生产线

包括集成开发具有在线成分检测、质量溯源、机电光液一体化控制等功能的食品加工成套装备等。

7. 智能化纺织成套装备

包括集成开发具有卷绕张力控制、半制品的单位重量、染化料的浓度、色差等物理、化学参数的检测仪器与控制设备，可实现物料自动配送和过程控制的化纤、纺纱、织造、染整、制成品等加工成套装备等。

8. 智能化印刷装备

包括集成开发具有墨色预置遥控、自动套准、在线检测、闭环自动跟踪调节等功能的数字化高速多色单张和卷筒料平版、凹版、柔版印刷装备、数字喷墨印刷设备、计算机直接制版设备（CTP）及高速多功能智能化印后加工装备等。

6.4 智能设备的应用

设备智能化已经是产品更新换代的发展方向，在日常生活中已经可以见到不少智能设备，如智能变频上水设备、智能家居产品（电冰箱、洗衣机等）、智能手机、智能汽车泊车系统和GPS导航系统等。

1. 穿戴式智能设备

穿戴式智能设备是应用穿戴式技术对日常穿戴进行智能化设计，开发出可以穿戴的设备的总称。如智能手表、智能手环、谷歌眼镜、智能手机等，如图6-3所示。

2. 智能电视

目前，智能电视功能扩展、应用程序日益丰富，人机界面、交互方式也越来越多样化。除了传统的电视遥控器之外，语音控制、手势操作、人脸识别、触摸控制等交互方式都在智能电视上得到了不同程度的应用，各项技术正在不断发展、日益成熟。未来通过人脸识别技术可以对使用者的身份进行识别，为其主动推送符合个人兴趣的节目，以期提高用户使用感受，同时帮助运营商和服务商实现商业广告精准投放，使电视真正成为家庭娱乐、沟通和自主学习的中心。智能电视手势操作如图6-4所示。

3. 智能汽车

智能汽车是一种无人驾驶汽车，也可以称之为轮式移动机器人，主要依靠车内的以计算机系统为主的智能驾驶仪来实现无人驾驶。它集中运用了计算机、现代传感、信息融合、通信、人工智能及自动控制等技术，相当于给汽车装上了具备“眼睛”“大脑”和“脚”的电视摄像机、电子计算机和自动操纵系统之类的装置，并有非常复杂的程序，能和人一样会“思考”“判断”“行走”，可以自动启动、加速、制动，可以自动绕过地面障碍物。在复杂

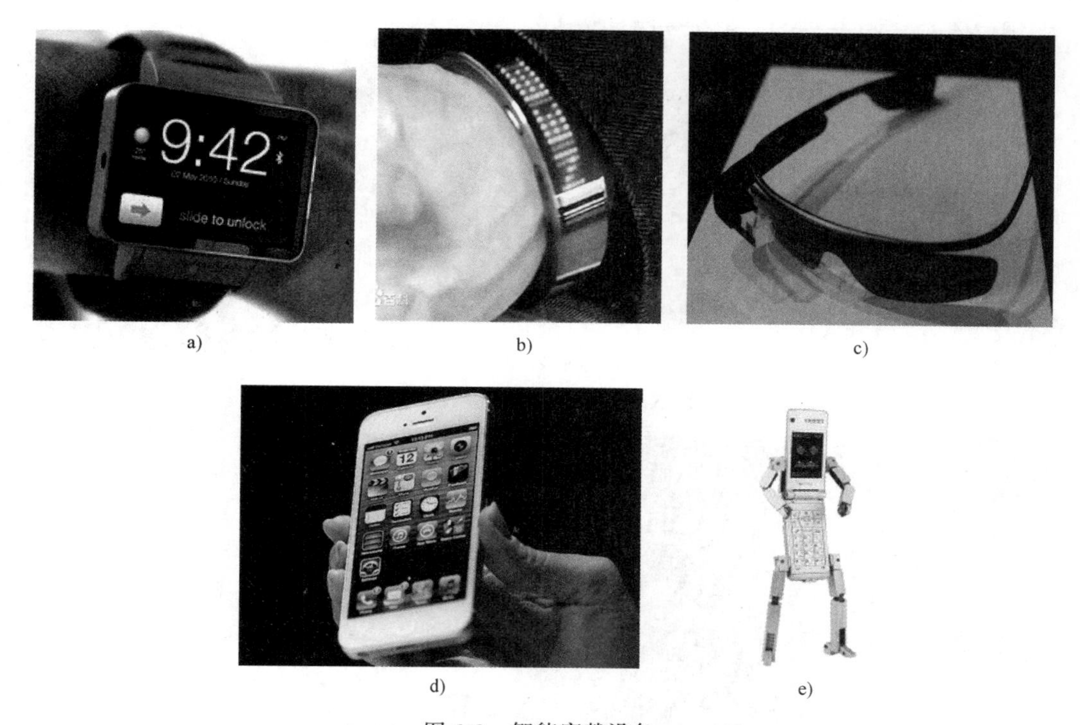

a)　b)　c)　d)　e)

图 6-3　智能穿戴设备

a）智能手表　b）智能手环　c）谷歌眼镜　d）智能手机　e）机器人手机

多变的情况下，它的“大脑”能随机应变，自动选择最佳方案，指挥汽车正常、顺利地行驶。智能汽车的组成装置如图 6-5 所示。

2014 年 5 月 28 日，在 Code Conference 科技大会上，Google 推出新产品——无人驾驶汽车，并进行了路况测试。Google 无人驾驶汽车如图 6-6 所示。

图 6-4　智能电视手势操作

4. 智能家居

智能建筑指通过将建筑物的结构、系统、服务和管理根据用户的需求进行最优化组合，从而为用户提供一个高效、舒适、便利的人性化建筑环境。智能家居如图 6-7 所示。

建筑智能化工程，主要指通信自动化（CA）、楼宇自动化（BA）、办公自动化（OA）、消防自动化（FA）和保安自动化（SA），简称 5A。它包括计算机管理系统工程，楼宇设备自控系统工程，通信系统工程，保安监控及防盗报警系统工程，卫星及共用电视系统工程，车库管理系统工程，综合布线系统工程，计算机网络系统工程，广播系统工程，会议系统工程，视频点播系统工程，智能化小区物业管理系统工程，可视会议系统工程，大屏幕显示系统工程，智能灯光、音响控制系统工程，火灾报警系统工程，计算机机房工程，一卡通系统工程等，如图 6-8 所示。

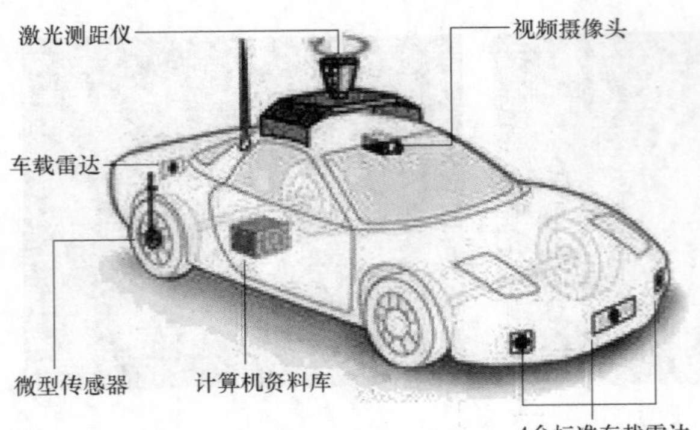

图 6-5　智能汽车的组成装置

图 6-6　Google 无人驾驶汽车

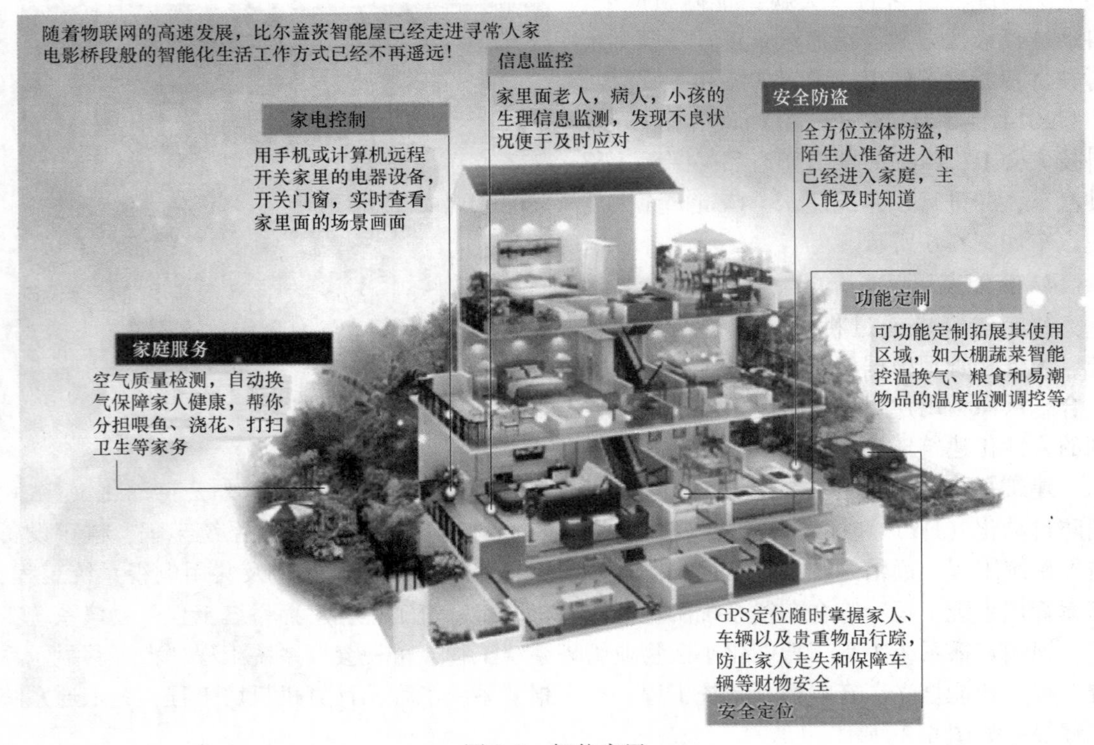

图 6-7　智能家居

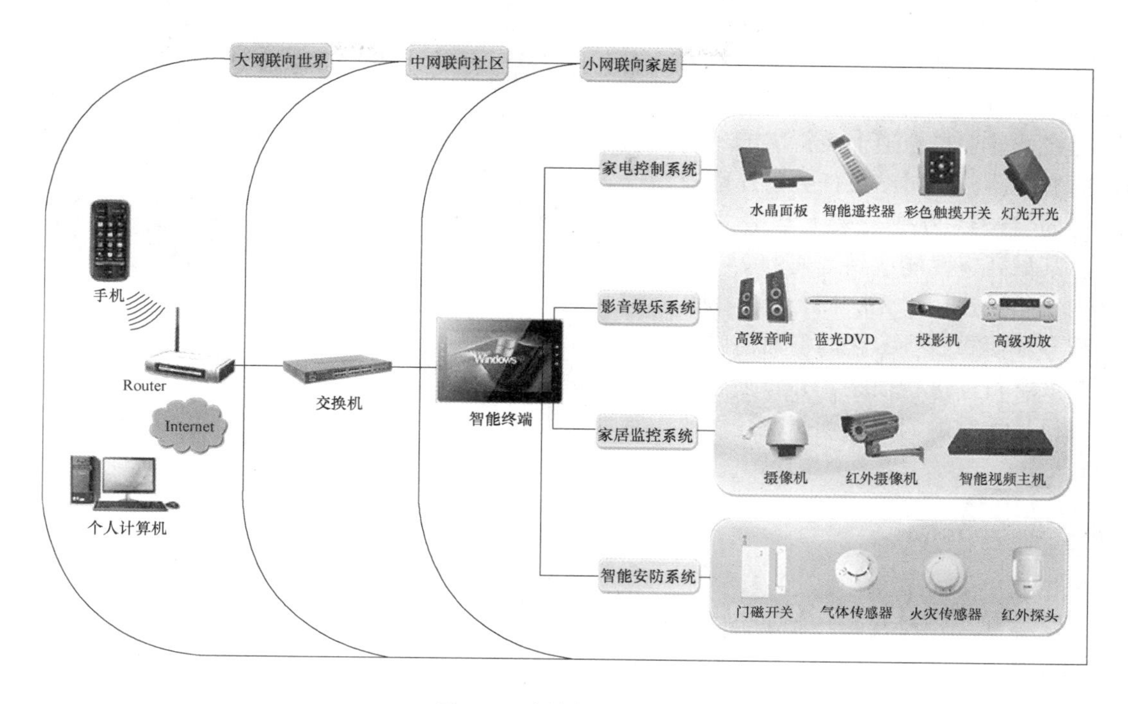

图6-8　建筑智能化工程

5. 智能电网

所谓智能电网，就是电网的智能化，它建立在集成的、高速双向通信网络的基础上，通过先进的传感和测量技术、设备技术、控制方法以及先进的决策支持系统技术的应用，实现电网的可靠、安全、经济、高效、环境友好和使用安全的目标。智能电网的核心内涵是实现电网的信息化、数字化、自动化和互动化。智能电网如图6-9所示。

图6-9　智能电网

6. 空天飞机

图 6-10　X-37B 空天飞机

X-37B 空天飞机（图 6-10）是由美国波音公司研制的无人且可重复使用的太空飞机，由火箭发射进入太空，是第一架既能在地球卫星轨道上飞行又能进入大气层的航空器，同时结束任务后还能自动返回地面，被认为是未来太空战斗机的雏形。其最高速度能达到音速的 25 倍以上，常规军用雷达技术无法捕捉。X-37B 能够搭载多种侦察设备，在高空对海陆空目标及外太空目标进行侦察，并将侦察信息实时传递给作战单位。2014 年 10 月 19 日 X-37B 空天飞机从太空返回美国加州范登堡空军基地，创造了这一无人飞行器在轨飞行时间新纪录：675 天。

知识拓展

第四次工业革命

全球新一轮科技和产业革命呼之欲出，世界各国争相制定战略，进行调整，抓紧实施必要的改革。德国一些学者提出人类社会正面临第四次工业革命，简称“工业 4.0”。工业革命进程如图 6-11 所示。

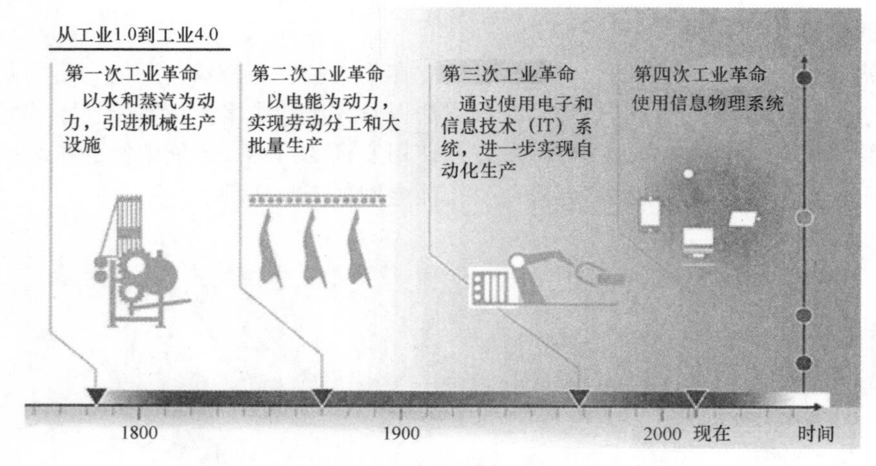

图 6-11　工业革命进程

“工业 4.0”可以实现三大目标，一是提高生产率，二是实现资源的最佳利用，三是可以保护环境。理想情况下，人、机器和应被加工处理的生产资源间，可以实现直接的信息交流。

“工业 4.0”有两大主题：一是智能工厂，重点研究智能生产系统及过程，以及网络化分布式生产设施的实现；二是智能生产，主要涉及整个企业的生产物流管理、人机互动以及 3D 打印技术在工业生产中的运用等。

“工业 4.0”关注信息交流，关键是物联网技术的发展。图 6-12 所示为博世物流中心。

图 6-12　博世物流中心

a）使用射频码系统管理的博世物流中心　b）柴油发动机喷油器装配车间

c）零配件通过自动传输带传送到终端

思考与练习题

6-1　何谓智能制造？

6-2　IM 的关键技术有哪些？

6-3　简述 IM 的特征。

6-4　智能制造在我国发展的需求有哪些？

6-5　你能简单描述智能制造在日常生活中的应用吗？

6-6　请上网查询 IM 典型应用案例。

第 7 章
先进制造模式

学习目标

通过对本章的学习，了解计算机集成制造技术、并行工程、敏捷制造技术、精益生产、智能制造、绿色制造等先进制造模式的概念、组成、关键技术及应用。

随着现代制造技术与信息技术的结合，出现了以计算机集成制造系统为代表的众多现代制造企业模式，实现了制造企业的高效益、高柔性和智能化。

7.1 计算机集成制造技术

计算机集成制造系统将制造过程进行全面统一的设计，并且针对制造企业的市场分析、产品设计、生产规划、制造、质量保证、经营管理及产品售后服务等全部生产经营活动，通过数据驱动形成一个有机整体，以实现制造企业的高效益、高柔性和智能化。

7.1.1 概述

1. 基本概念

1974 年，首先由约瑟夫·哈林顿（Toseph Harrington）博士在《计算机集成制造》一书中提出计算机集成制造系统（Computer Integrated Manufacturing System，简称 CIMS）的概念。直至现在，对计算机集成制造系统还没有确切的定义，但其具有如下特点。

（1）协调性　CIMS 包括制造企业的全部经营活动，从市场分析、产品设计、生产规划、制造、质量保证、经营管理至产品售后服务等，使企业内各种活动相互协调地进行。

（2）集成性　CIMS 不是各种自动化系统的简单叠加，而是通过计算机网络、数据管理技术实现各单元技术的集成。

（3）先进性　CIMS 能有效实现柔性生产，是信息时代制造业的一种先进生产、经营和管理模式，能提高企业对市场的应变能力，在竞争中取胜。

2. CIMS 的发展阶段

根据 CIMS 技术集成优化发展的过程，可以将其划分为三个阶段：信息集成、过程集成和企业间集成。

（1）信息集成优化　主要解决企业中各个自动化孤岛之间的信息交换和共享。早期实现方法主要通过局域网、外联网、产品数据管理、集成平台和框架技术来实现。信息集成优化作用范围在企业内部。

（2）过程集成优化　传统的产品开发模式采用串行产品开发流程，设计与加工生产是两个独立的功能部门；现代的产品开发模式采用并行工程，组成了多学科团队，尽可能多地将产品设计中的各个串行过程转变为并行过程，在早期设计阶段就考虑产品的制造性（DFM）、装配性（DFA）和质量配置（DFQ），以减少返工，缩短开发时间。过程集成优化的作用范围在产品的开发过程中。

（3）企业间集成优化　就是优化利用企业的内、外资源，实现敏捷制造，以适应知识经济、全球经济、全球制造的新形势。企业间集成优化的作用范围在企业之间。

3. CIMS 的发展趋势

CIMS 的发展趋势如图 7-1 所示。

CIMS 将在系统技术指导下的基础信息化、信息集成、并行工程、虚拟制造技术和敏捷制造技术进行综合集成与应用，目标是提高企业的竞争能力。

CIMS 的实施战略：效益驱动、总体规划、重点突破、分步实施；保证系统的集成关系，便于发展，避免功能重复、数据冗余；保证人力、财力的有序投入。

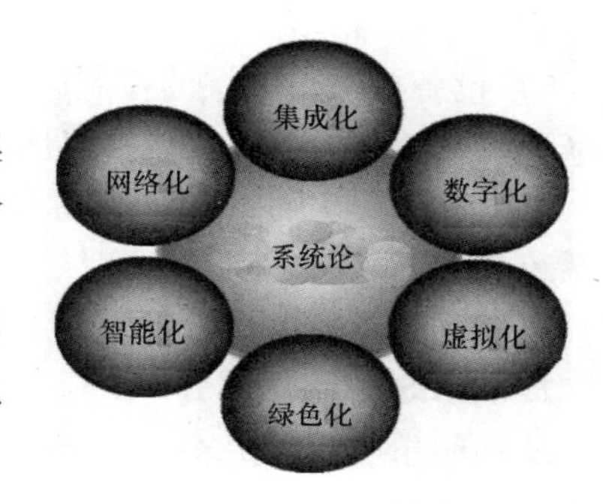

图 7-1　CIMS 的发展趋势

7.1.2　CIMS 的组成

1. CIMS 的递阶控制模式

CIMS 的递阶控制模式是组成 CIMS 中各单元之间的层次关系。美国国家标准与技术局和亚瑟·安德森公司（Arthur Andersen Co.）均将 CIMS 分为五层结构，即工厂层、车间层、单元层、工作站层和设备层，其递阶控制示意图如图 7-2 所示。

1）工厂层。是最高决策和管理层，其决策周期一般从几个月到几年，完成的功能包括

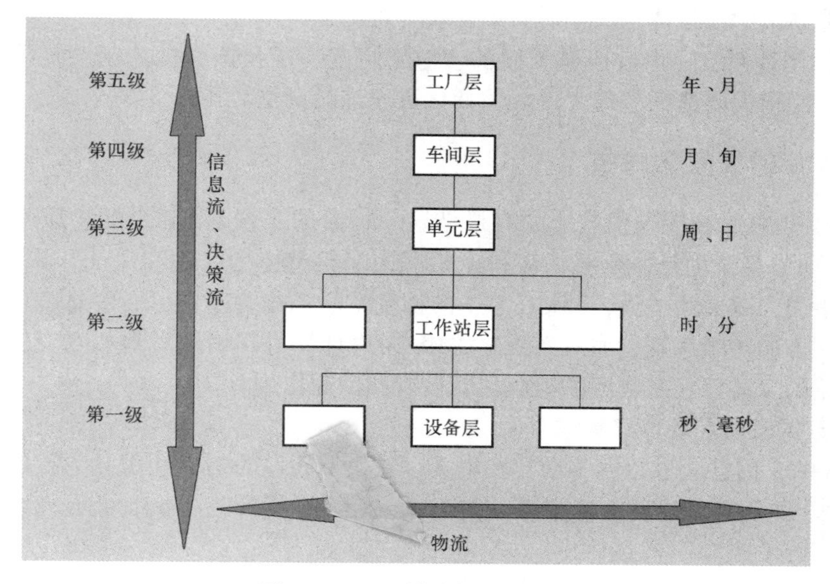

图 7-2　CIMS 梯阶控制示意图

进行市场预测，制订长期生产计划，确定生产资源需求，制订资源规划，制订产品开发及工艺过程规划，进行厂级经营管理。

2）车间层根据生产计划协调车间作业及资源配置。其决策周期为几周到几个月，完成的功能包括接受产品材料清单，接受工艺过程数据，计划车间内各单元的作业管理和资源分配实施，作业订单的制订、发放和管理，安排加工设备、刀具、夹具、机械手、物料运输设备的预防性维修等。

3）单元层主要完成本单元的作业调度，功能包括零件在各工作站的作业顺序，作业调度指令的发放和管理，协调工作站的物料运输，进行机车和操作者的任务分配和调整等。

4）工作站层按照所完成的任务可分为加工工作站、检测工作站、刀具管理工作站、物料存储工作站等。

5）设备层执行上层的控制命令，完成零件的加工、测量、运输等任务，其响应时间从几毫秒到几秒钟。设备层包括机床、加工中心、坐标测量机、AGV 等设备的控制器。

以上五个层次通过企业的三大类生产活动（计划、监督管理和执行）连贯在一起。上层系统与下层系统之间存在信息交换，下层系统从其上层接受命令，并向上层反馈信息，各层只向其下一层发命令，并接受下一层的反馈信息。

2. CIMS 的基本部分

从功能角度看，CIMS 系统是若干个功能子系统的集成。由于各个企业实施 CIMS 的客观条件和侧重点不同，CIMS 系统中功能系统的划分也不尽相同。德国标准化研究所 DIN 按 CIMS 的功能、信息流和物流将 CIMS 划分为四个基本部分。

（1）生产计划与控制　生产计划是及时地、优化地组织供应生产所需的物料和零件，而生产控制则是执行生产计划的过程，包括对生产计划进行监督和调整。

（2）产品设计制造系统　使用 CAD/CAM/CAE 技术，并结合 CAPP 技术，使产品在设计制造过程中达到高度的集成。

（3）集成的质量系统　对产品生命周期的每个阶段进行各种检验、测试和试验，全面分析整个制造系统的质量体系，同时对质量成本做出全面评价。

（4）柔性制造系统　由数控加工设备、物流储运装置和计算机控制系统等组成的自动化制造系统，能根据制造任务或生产环境变化迅速进行调整。

7.1.3　CIMS 的信息集成技术

CIMS 的实现就是物流与信息流的有机结合。物流的实现是 CIMS 的物质基础（或称为硬件环境），而信息流则是使所有物流得以集成为有机整体的关键和保证。如果把 CIMS 比喻为身体健康而头脑灵活的人，则 CIMS 中的物流就可比喻为躯体，而信息就可比喻为使人充满智能和活力的神经系统、血液系统。CIMS 通过计算机网络及时地相互交换、传递，遍布于整个物流的全过程，对物流的集成起着控制和保证作用。

1. 通过数据驱动实现信息集成

在 CIMS 中，信息通过数据驱动实现集成，在产品开发的整个过程，主要有如下数据。

1）按照企业规划和经营方针制订长期调度计划，根据计划提出企业开发、设计、项目研究等一系列的“需求”数据。

2）按照质量保证产生一系列“质量”数据。

3）综合“需求”数据和“质量”数据后形成制造与检测规划的“主控数据”。

4）依据与外界交换的各种信息形成“顾客清单”数据，经过处理产生满足订单要求的“规划”数据。

5）由生产规划与调度对“规划”数据与“主控”数据加以综合处理，再按照底层制造随时反馈“真实”的状况数据，下达及时的“制造命令”和相应的“生产数据”给底层制造系统，确保全系统所有数据及时交换、共享，保证数据的正确性、一致性与完整性。

2. 数据管理的特点

1）数据类型具有种类多、类型复杂、动态变化、非结构化、统计性等特点，管理难度最大。

2）CIMS采用统一标准解决信息交换中的障碍。在CIMS开发之前，为解决局部数据管理问题，各分系统采用不同的软件开发环境及不同的标准，数据管理软件功能差异大且为非标准化。因此，要解决这一问题，必须采用统一标准。

3）需要网络支持。分布在各台计算机上的数据管理系统需要借助网络的支持建立分布数据管理系统，才能实现全厂范围内的数据与信息交换。

7.1.4 CIMS的发展状况

20世纪50年代，随着控制理论、电子技术、计算机技术的发展，工厂中出现各种自动设备和计算机辅助系统，如NC、CAD、CNC、CAM、CAD/CAM及管理信息系统（MIS）、物料需求计划（MRP）、制造资源计划（MRP-Ⅱ）等。但是这些新技术的实施并没有带来预测的巨大效益，原因是它们离散地分布在制造业的各个子系统中，只能使局部达到自动控制和最优化，不能使整个生产过程长期处于最优状态。

CIM理念产生于20世纪70年代，但基于CIM理念的CIMS在20世纪80年代中期才开始被重视并大规模实施，其原因是20世纪70年代的美国产业政策中过分夸大了第三产业的作用，而将制造业，特别是传统产业认为是“夕阳工业”，这导致了美国制造业优势的急剧衰退。20世纪80年代中期美国才和其他各国纷纷制订并执行发展计划。CIMS的理念，技术也随之有了很大的发展。

美国调查了不同规模的165家企业应用与计算机相关的制造技术的情况，如图7-3所示。

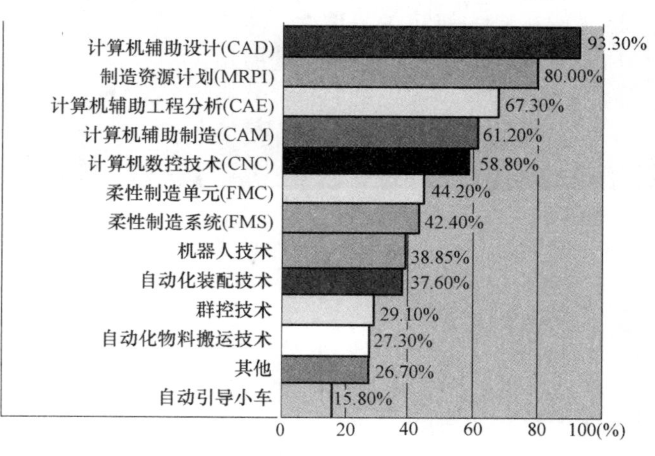

图7-3　美国制造企业应用CIMS单项技术的分布情况

为跟踪国外这一先进技术，我国在1987年开始实施“863高新技术计划”的CIMS主题，这一时期国外正强调CIMS的核心是“集成系统体系结构”，我国在实施中不可避免受其影响，经过10年多的努力实施，取得了许多成绩，可概括如下：

1）以少量的科技投入，鼓励院校科技人员与企业结合，在企业中推广高技术（CIMS

及有关单元技术），使企业具有了应用高技术、提高综合竞争能力的意识。

2）通过CIMS计划的实施，推动了企业应用信息技术，提高了生产率和经营管理水平。

3）为探索在我国条件下发展高技术及其产业化的道路提供了可借鉴的经验和教训。

4）通过CIMS计划的实施，有的企业取得了明显的经济效益。

5）在高校、企业培养了大批掌握CIMS技术及相关技术的人才。

6）开发建立了若干具有自主知识产权且已初步形成商品的软件产品。

7）建立了CIMS工程技术研究中心、一批实验网点和培训中心，为CIMS技术的研究、试验、人员培训打下了基础。

8）设在清华大学的CIMS工程中心获得美国SME1994年度“大学领先奖”；北京第一机床厂作为实施CIMS的试点单位，获得美国SME1995年度“工业领先奖”，为国家赢得了荣誉。

应用案例

美国的通用汽车公司耗巨资应用CIMS技术，使工厂生产率提高40%～70%，设备利用率提高2～3倍。通过在线全球采购和分销大规模定制使工程费用减少15%～30%，虚拟样机、碰撞试验从原来的100次降至50次，产品研制周期缩短30%～60%。图7-4所示为数字化汽车设计。

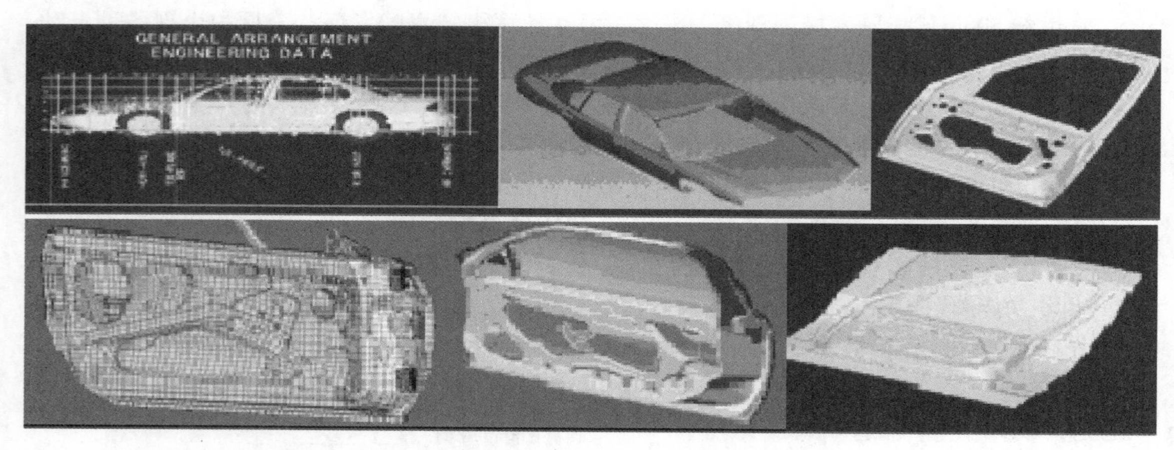

图7-4　数字化汽车设计

7.2　并行工程

7.2.1　并行工程的定义

并行工程（Concurrent Engineering，简称CE）是把传统的制造技术与计算机技术、系统工程技术和自动化技术相结合，采用多学科团队和并行过程的集成方法，将串行过程并行起来，在产品开发的早期全面考虑产品生命周期中的各种因素，力争使产品开发能够一次获得成功，从而缩短产品开发周期，提高产品质量，降低产品成本的过程。并行工程是近年来国际制造业中兴起的一种新型企业组织管理理论，旨在提高产品质量，降低产品成本和缩短开发周期。

串行开发流程与并行开发流程的对比如图7-5所示。

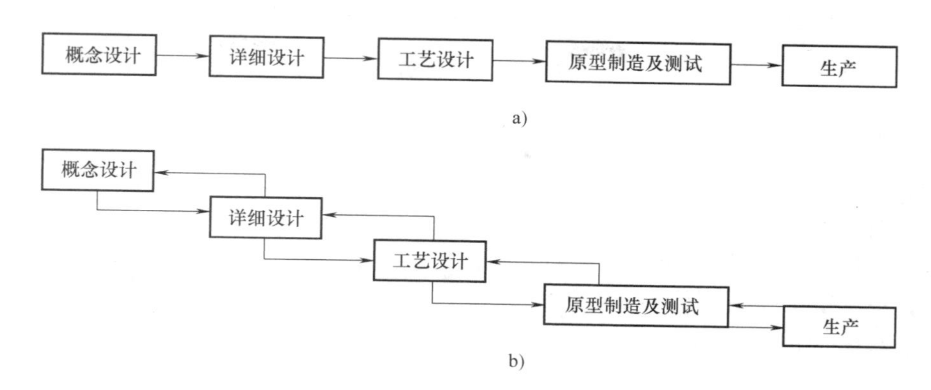

图7-5 串行开发流程与并行开发流程
a）串行开发流程 b）并行开发流程

7.2.2 并行工程的特点

与传统的设计方法相比，并行工程的主要特点是设计的出发点必须是产品的整个生命周期的技术要求。并行工程设计是一个包括设计、制造、装配、市场销售、安装及维修等各方面专业人员在内的多功能设计小组，其设计手段是一套具有CAD、CAM仿真、检测功能的计算机系统。它既能实现信息集成又能实现功能集成，可在计算机系统内建立一个统一的模型来实现以上功能。并行设计能与用户保持密切对话，可以充分满足用户要求，缩短新产品投放市场的周期，实现产品质量、成本和可靠性的最优化。制造网络集成平台体系结构如图7-6所示。

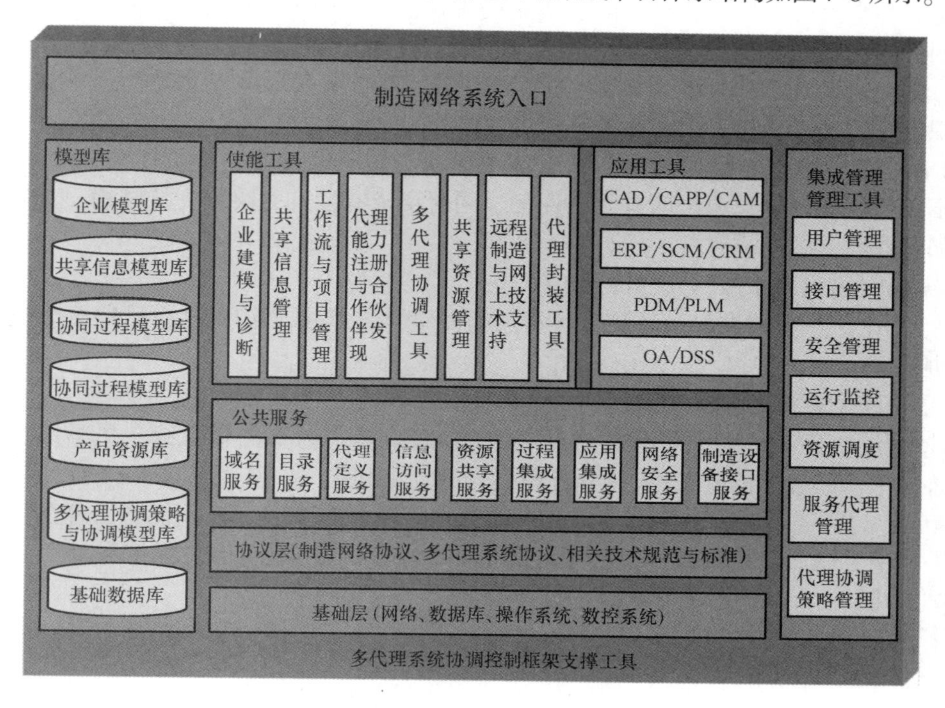

图7-6 制造网络集成平台体系结构

并行工程是一种经营理论、一种工作模式。这不仅体现在产品开发的技术方面，也体现在管理方面。CE 对信息管理技术提出了更高要求，不仅对产品信息进行统一管理与控制，而且要求能支持多学科领域专家群体的协同工作，并要求把产品信息与开发过程有机集成起来，做到把正确的信息在正确的时间以正确的方式传递给正确的人。

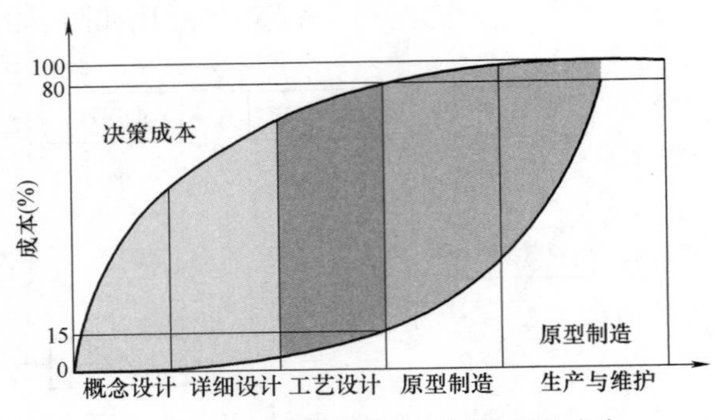

图 7-7　产品生命周期中不同阶段的成本

产品生命周期中不同阶段的成本如图 7-7 所示。

7.2.3　理论基础与运行机制

1. CE 的理论基础

从本质上讲，CE 是一种以空间换取时间、处理系统复杂性的系统化方法，它以信息论、控制论和系统论为理论基础，在数据共享、人-机交换等工具及集成工具的智能技术的支持下，按多学科、多层次协同一致的组织方式工作，以非线型的管理机制和整体性思想，赢得集成附加的协同效益。CE 的目标为提高全过程中全面的质量，降低产品生命周期中的成本，缩短产品的研制开发周期。

2. CE 的运行机制

CE 不是某种现成的系统或结构，不能像软件或硬件产品一样从市场上买来安装即可运行。它是一种自上向下规划、自下向上实施的理论。企业在 CE 环境中进行产品开发设计、分析、制造等一系列活动，这些活动的完成由 CE 目标和 CE 原则来进行控制。为实现 CE 的目标，必须遵循 CE 的规则，即有效的领导方法，不断地进行过程的改善，开发并管理信息和知识财富，通过长期计划和决策来获得效益。

将 CE 思想贯穿于产品开发过程中，需要管理、设计、制造、支持等知识源的有机协调。它不仅仅依靠各知识源之间有效的通信，同时要求有良好的决策支持结构，其运行机制的要点如下。

1）突出人的作用、强调人的协同工作。

2）一体化、并行地进行产品及其有关过程的设计，其中尤其要注意早期概念设计阶段的并行协调。

3）重视满足客户的要求。

4）持续地改善产品生产的有关过程。CE 的工作模式中要注意持续，尽早地交换、协调、完善关于产品有关的制造/支持等各种过程的约定和定义，从而实现 CE 的目标。

5）五个“不”。CE 不是不费气力就能成功的“魔术方法”；CE 不能省去产品串行工程中的任一环节；CE 不是使设计与生产重叠或同时运行；CE 不同于“保守设计”；CE 不需保守测试策略。

7.2.4　并行工程的实施

实施 CE 后取得的成效要通过工程实施来体现。实施 CE 必须要有合适的 CE 环境与条件、实施策略与步骤、实施框架及其工具与技术。

1. CE 环境与条件

（1）CE 环境　统一的产品模型，保证了产品信息的统一性，必须有统一的企业知识库，使小组人员能以同一种“语言”进行协同工作；计算机网络保证小组人员能在各自的工作站或微机上进行仿真或利用各自的 CAD、CAM、CAPP 系统；一个交互式的、友好的用户界面。

（2）CE 实施条件　上层管理部门的切实支持；建立多学科小组；计算机技术的支持；应用工具的支持。

2. 实施策略与步骤

CE 实施时采用“自上而下规划，自下而上实施”的策略，实施步骤可分为三个阶段。

1）对集成 CE 的信息系统进行自上向下分析的规划阶段。

2）采集开发由现有的设计、生产和生产方法到 CE 方法所需的技术和手段的开发阶段。

3）实施阶段包括采购和安装所需的硬件，以及为了适应新环境的需要，调整业务系统和培训人员等。

3. 实施框架及其工具与技术

当企业具备实施 CE 的必备条件后，为实现 CE 目标，要构成一个系统框架（Framework）。框架是各工具集成软件或更高层集成软件的统称。集成框架系统是一个软件系统，它提供了支持多厂商、多平台、异构网络、不同操作系统和已有的传统应用软件的集成和即插即用的环境。

基于知识的 CAD/CAE/CAPP/CAQ 集成系统框架如图 7-8 所示。

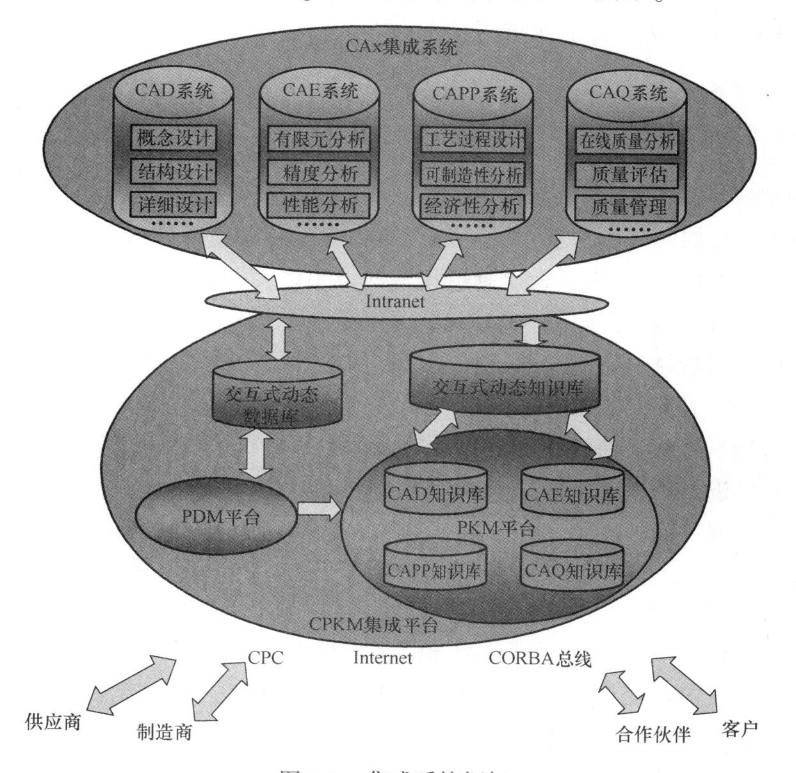

图 7-8　集成系统框架

一个集成框架系统至少包括两个层次。

（1）集成框架环境层　集成框架支撑环境是面向对象的处理服务层，其目的是将通用对象服务从多种独立的语言及某种专用语言的运行环境中独立出来，封装并集成到系统中，以实现异构部件的集成和相互操作。集成框架环境层的重要支撑技术就是客户机/服务器技术和面向对象技术，二者的结合就形成了分布式对象技术。分布式对象技术始于20世纪90年代初，已经发展成为当今分布异构环境下建立应用系统集成框架和标准构件的核心技术，在企业集成、集成化的分布式环境管理、软件构件技术等方面发挥着重要作用。

（2）系统平台层　是基于集成框架环境层所提供的技术支持，提供软硬件支撑平台和集成软件接口，建立各分系统之间信息集成与共享、过程集成和生命周期数据管理的软总线，使各工具按照面向对象的思想能够方便地即插即用。集成框架环境层中的技术规范与标准是系统平台的软总线实现的基础。

4. 集成框架技术的特点

1）对已有系统，只能按照规定的格式进行封装，这样能方便地加入到集成框架系统中，实现与系统其他部分的合作，而无须重新开发，可有效地保护企业已有投资和积累。

2）由于采用软总线的集成技术，使得所构建的集成框架系统具有良好的可伸缩性，应用系统即插即用，企业可按照自身的需要构建集成框架系统。

3）由于软总线的通用性和开放性，对集成的应用软件和系统没有任何的限制。对面向并行工程的过程集成的支持，可以实现企业生产和管理层次上的优化组合。

7.3　敏捷制造技术

7.3.1　概述

1. 敏捷制造

随着市场竞争的加剧和用户要求的不断提高，大批量的生产方式正在朝着单件、多品种方向转化。美国于1991年提出了敏捷制造技术的设想。美国机械工程师学会（American Society of Mechanical Engineers，简称ASME）对敏捷制造（Aagile Manufacturing，简称AM）做了如下定义：敏捷制造就是指制造系统在满足低成本和高质量的同时，对变幻莫测的市场需求的快速反应。

敏捷制造的基本思想是通过把动态灵活的虚拟组织机构或动态联盟、先进的柔性生产技术和高素质的人员进行集成，从而使企业能够从容应付快速变化和不可预测的市场需求，获得企业的长期经济利益。

对一个公司（企业）而言，敏捷制造意味着在连续且不可预测的顾客需求变化的竞争环境下，赢利运作的能力；对公司（企业）中的个人而言，敏捷制造则意味着公司（企业）不断重组其人力及技术资源，在不可预测的顾客需求变化环境的状况下，适应市场变化的能力。敏捷企业就是在快速变化的全球市场上，能提供高质量、高性能、用户满意的产品和服务，具备一定的赢利能力，完整地响应市场挑战的企业。

敏捷制造系统如图7-9所示。

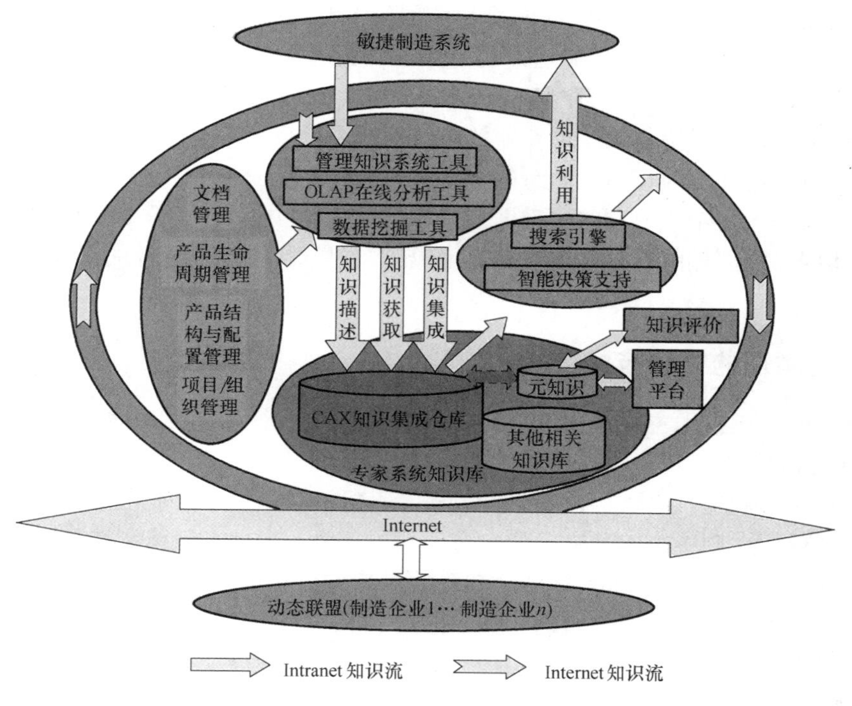

图 7-9　敏捷制造系统

2. 敏捷能力和敏捷性

敏捷制造的企业，其敏捷能力应表现在市场反应能力、竞争力、柔性和快速四个方面。而其敏捷性应当体现在以下六个层面上。

（1）市场层面　对市场需求的判断和预见能力，以及对市场变化做出快速反应的能力。

（2）组织层面　通过“虚拟企业”形式，对组织进行动态重组和扩展。

（3）设计层面　在产品的设计过程中综合考虑产品全生命周期的各个环节（如供应商、生产过程、商务过程、顾客和产品的使用以及报废等）。

（4）生产层面　通过发展出一种可编程的、可重组的和模块化的加工单元，形成以同样的设备和人员生产不同的产品的能力，从而快速地按照顾客定制生产不同种类的、任意批量的产品，使生产小批量、高性能产品能达到与大批量生产一样的效益。

（5）管理层面　通过创新组织管理理念，提倡以人为本，达到用分散决策代替集中控制，用传统的命令和控制的管理哲学向领导、激励、支持和信任的管理哲学转变。

（6）人的层面　企业最大限度地调动人的积极性，不断培育有知识、有技能、有创造精神和充分授权的劳动者，来维持和加强它的创造能力。

7.3.2　敏捷制造的特征

和其他先进制造模式以及传统大批量生产方式相比较，敏捷制造具有如下特征。

1）全新的企业合作关系——虚拟企业（Virtual Enterprise）联盟。

2）准时信息系统（Just-In-Time-Information System）。在信息交换和通信联系方面，必须有一个能将正确的信息在正确的时间送给正确的人的“准时信息系统”，作为灵活的管理系统基础，通过信息高速公路与互联网络与全球范围的企业相连。

3）“高质量”的产品。敏捷制造的质量观念已变成整个产品生命周期内的用户满意度，企业将质量跟踪持续到产品报废为止。

4）高度柔性的、模块化的、可伸缩的生产制造系统。

5）为订单而设计、为订单而制造的生产方式。

6）有技术的人是企业成功的关键因素。在敏捷企业中，认为解决问题靠的是人，不单是技术，敏捷制造系统的能力将不受限于设备，而只受限于劳动者的想象力、创造力和技能。

7.3.3 敏捷制造的关键技术

敏捷制造的关键技术主要包括信息支持技术、虚拟企业和敏捷制造使能技术等。

1. 信息支持技术

为了实现敏捷制造，必须构建基于开放式计算机网络的信息集成框架。随着信息技术在制造业的广泛使用，制造企业通常都建立有企业内部网。因此，敏捷制造环境的构成，就是将这些企业内部的局域网连接起来。Internet 的迅速发展，为敏捷制造的全球合作、信息交流和资源共享带来了前所未有的机遇。在敏捷制造模式下，参与合作的制造企业可以分布在国内各地，甚至世界各地。

2. 虚拟企业

推出高质量、低成本的新产品的最快方法是利用不同地区的现有资源，把它们迅速组合成一种没有围墙的、跨越空间约束的、靠电子手段联系的、统一指挥的经营实体——虚拟企业，如图 7-10 所示。

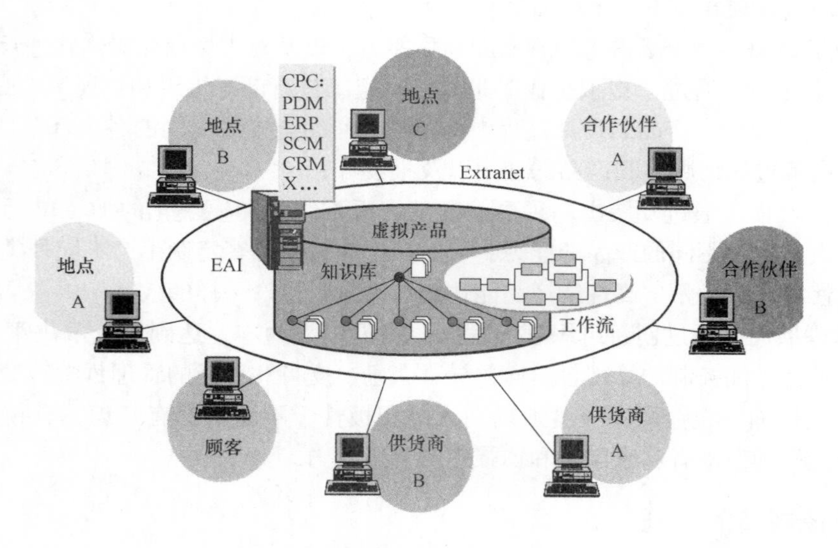

图 7-10 虚拟企业

虚拟企业有如下特点。

1）在虚拟制造的组织形态下，一个企业虽具有制造、装配、营销、财务等功能，但在企业内部却没有执行这些功能的机构，所以称之为功能虚拟。在这种情况下，企业仅具有实现其市场目标的最关键功能，其他的功能在有限的资源下，无法达到足以竞争的要求，因此将它虚拟化，以各种方式借助外力来进行组合和集成，形成足够的竞争优势。这是一种分散风险的、争取时间的敏捷制造策略，它与“大而全、小而全”策略是完全对立的。

2）虚拟企业是市场多变的产物，为了适应市场环境的变化，企业的组织结构也要做到能够及时反映市场的动态。企业的结构不再是固定不变的，可以根据目标和环境的变化进行组合，动态地调整组织结构。

3）运用信息高速公路和全国工厂网络，把综合性工业数据库与提供服务结合起来，还能够创建地域上相隔万里的虚拟企业集团，运作控股虚拟公司，排除传统的多企业合作和建立集团公司的各种障碍。

3. 敏捷制造的使能技术

敏捷制造企业的特征及要素，构成了敏捷企业的基础结构，通过一系列功能子系统的支持使敏捷制造的战略目标得以实现，这些功能子系统统称为“使能子系统（Enabling System）”。

敏捷制造的模式研究报告归纳出29个使能子系统，分别支持着敏捷制造的9个要素。这些使能子系统分为技术类和非技术类。

敏捷企业要素与技术类使能子系统的关系见表7-1。

敏捷企业要素与非技术类使能子系统的关系见表7-2。

表7-1 敏捷企业要素与技术类使能子系统的关系

企业要素 / 技术使能子系统	经营环境	通信与信息	合作与团队	企业柔性	企业范围的并行工作	环境保护	人的因素	转包商与供应商的支持	技术扩展
用户交互式子系统	☆	○	○	○	○	☆	●	☆	☆
分布式数据库子系统	○	●	○	○	○	☆	○	○	☆
节能子系统	○	☆	☆	☆	☆	●	☆	☆	○
企业集成子系统	●	●	●	○	●	☆	○	●	○
不断演变的标准子系统	○	●	○	○	○	○	☆	●	○
全美工厂网络子系统	○	●	●	○	●	○	○	●	○
全球宽带网络子系统	○	●	●	○	○	○	○	○	○
全球多方动态合作子系统	●	○	●	○	●	☆	○	●	○
分布式群决策软件子系统	○	○	●	○	●	☆	○	●	☆
人与技术接口子系统	☆	○	○	●	●	☆	○	●	●
集成方法学子系统	☆	○	○	●	○	☆	☆	○	○
智能控制子系统	☆	○	☆	●	○	○	☆	☆	☆
智能传感器子系统	☆	○	☆	●	○	○	☆	☆	☆
基于知识的人工智能子系统	○	○	☆	○	●	○	○	●	●
模块化可重构的过程硬件子系统	☆	☆	○	●	○	☆	☆	☆	○
表示方法子系统	○	○	☆	○	●	☆	☆	○	○
仿真与建模子系统	○	○	☆	○	●	☆	☆	○	○

（续）

技术使能子系统＼企业要素	经营环境	通信与信息	合作与团队	企业柔性	企业范围的并行工作	环境保护	人的因素	转包商与供应商的支持	技术扩展
软件原型开发及生产率子系统	☆	○	☆	●	○	☆	☆	○	☆
废弃物管理与消除子系统	○	☆	☆	☆	☆	●	☆	☆	☆
零故障方法学子系统	○	☆	☆	☆	☆	●	☆	☆	☆

注：●表示这一使能子系统是该要素的关键组成部分。
○表示这一使能子系统是该要素的有用组成部分。
☆表示这一使能子系统对该要素的影响不大。

表 7-2　敏捷企业要素与非技术类使能子系统的关系

技术使能子系统＼企业要素	经营环境	通信与信息	合作与团队	企业柔性	企业范围的并行工作	环境保护	人的因素	转包商与供应商的支持	技术扩展
继续教育与培训子系统	○	○	○	○	●	○	●	●	●
向团队成员放权子系统	○	○	●	○	●	○	●	●	○
组织实施子系统	●	○	○	○	○	○	○	○	○
性能测度标准与评价子系统	●	○	○	○	○	○	○	○	○
合作伙伴评价子系统	●	○	○	○	○	☆	○	○	○
快速合作机制子系统	●	○	●	○	●	☆	○	●	○
现代化法规作用子系统	●	○	○	○	☆	○	○	○	○
财务保障子系统	●	○	○	○	●	○	○	○	○
技术应用与转化子系统	○	○	○	○	●	○	○	●	●

注：●表示这一使能子系统是该要素的关键组成部分。
○表示这一使能子系统是该要素的有用组成部分。
☆表示这一使能子系统对该要素的影响不大。

7.3.4　敏捷制造的应用案例

敏捷制造研究首先在美国开展。20 世纪日本制造业的振兴和发展，使美国压力很大，美国企业界在分析总结日本制造业的成功因素后，提出了敏捷制造的概念并开展了广泛深入的研究。

敏捷制造的典型应用见表 7-3。

表 7-3　敏捷制造的典型应用

项　　目	生 产 单 位	时间	效　　果
笔记本式计算机	美国 AT&T	1991	从决策到产品展览仅 4 个月，全部元件由国外企业承担，在美国组装
自行车	日本松下国家自行车工业公司	1987	每辆车的生产时间为 8 ~ 10 个工作日，是大批量生产的一半，价格为 1300 美元（原为 2500 ~ 3500 美元）

（续）

项　　目	生产单位	时间	效　　果
空气压缩机	美国空气压缩机公司	1988	耗资为12.5万～25万美元(原为50万美元)，时间为原来的1/3～1/2
匹兹堡万能夹具	通用汽车公司	1991	与原来相比，成本为3/70，时间为1/37，占地为1/300，可伸缩重用/重构、适用性好

7.4　精益生产

7.4.1　精益生产的背景

精益生产是美国麻省理工学院几位专家对“日本丰田生产方式”的美称。日本丰田生产方式是日本丰田公司在20世纪50年代提出并不断完善而形成的一种新型生产方式。

20世纪50年代，日本战后经济困难，日本丰田公司的丰田英二和大野耐一经过对美国和西方汽车公司的大量生产方式与单件生产方式进行认真研究和科学分析对比，并根据当时日本国内的实际情况需要，综合多年的经验创造了一套与众不同的生产经营管理模式——丰田生产方式并付诸实施。其实质是在产品的开发、生产过程中，通过项目组和生产小组把各方面的人集成在一起，把生产、检测与维修等场地集成在一起，通过相应的措施做到零部件协作厂、销售商和用户的集成；去除生产过程中一切不产生附加价值的活动投资，简化生产过程和组织机构；以最大限度的精简，获得最大效益；以整体优化的观点，使企业具有更好的适应市场变化的能力，从而不仅使丰田汽车公司成为世界上效率最高、品质最好的制造企业，而且使整个日本的汽车工业以至日本经济达到了今天的世界领先水平。丰田公司的这种生产方式到20世纪60年代已经成熟，然而直到20世纪80年代中期才作为一种适用于现代制造企业的组织管理方法被正式提出，并逐渐引起了欧美许多国家的注意。

7.4.2　精益生产的含义

精益生产（Lean Production，简称LP或称Kaizen）是通过系统结构、人员组织、运行方式和市场供求关系等方面的变革，使生产系统能快速适应用户需求的不断变化，并能使生产过程中一切无用的、多余的或不增加附加值的环节被精简，以达到产品生命周期内各方面最佳的效果。

精益生产既不同于欧洲的单件生产方式，也不同于美国的大批量生产方式，而是综合两者的优点，避免了前者的高成本和后者的僵化，强调以人为中心，提倡多面手，一专多能，最大限度地激发人的主观能动性，把企业的生产组织与生产过程中的从产品开发设计、生产制造到销售及服务等一系列的生产经营要素进行科学合理的组合，杜绝无效劳动，使工厂的工人、设备、投资、厂房以及开发新产品的时间等投入都大为减少，而生产出的产品品种和质量却更多、更好。

精益生产方式及时地按照顾客的需求拉动价值流，产品生产是一种牵引式的生产制造过程。从产品的装配起，每道工序及每个车间按照实际需求向前一道工序和车间提出需要的品种和数量，而前面工序、车间的生产则完全按要求进行，同时后一道工序负责对前一道工序进行检验，这有助于及时发现、解决问题。在生产过程中采用控制质量的方法，能够从质量形成的根源上来保证质量，减少了对销售、工序检验技术服务等功能的质量控制，这比最终成品的检验更为有效。

7.4.3 精益生产的特征

精益生产组织不强调过细的分工，而是强调企业各部门、各工序相互密切合作的综合集成，重视产品开发、生产准备和生产之间的合作与集成。精益生产的主要特点如下。

1. 强调人的作用

1）在采用精益生产的企业中，工人是企业的主人和终身雇员，不随意淘汰，雇员被看作是企业的重要资产，把雇员看得比机器更重要，注意充分发挥人的主观能动性，通过将作业人员从设备的奴役中解放出来，形成新型的人机集成关系。

2）扩大雇员及其小组的自主权，在很大程度上减少了决策和解决问题过程中不必要的上传下达。工人在生产中享有充分的自主权，以小组工作方式，在生产线上每一个工人在生产出现故障时都有权让一个工区停止生产，针对出现的故障，立即与小组人员一道查找原因、做出决策、消除故障，充分发挥其创造性。

3）职工是多面手，公司各部门间人员密切合作，并与协作户、销售商友好合作。通过培训等方式创造条件，使其扩大知识面，提高技能，培养雇员成为多面手。创造工作条件和施加工作压力双管齐下，将任务和责任最大限度地托付给生产线上的工人。

2. 以简化为手段

1）简化组织机构和产品开发过程。采用并行工程方法，在产品开发一开始就将设计、工艺和工程等方面的人员组成项目组，简化组织结构和信息传递过程，提高系统柔性，缩短产品开发时间，降低资源投入和消耗。

2）简化与协作厂的关系。总装厂与协作厂不仅仅是上下级或是买卖关系，或是以价格谈判为基础的委托和被委托关系，而是建立相互信任、生死与共的关系，通过采用一个确定成本、价格和利润的合理框架，把协作厂、销售商都纳入产品开发过程中，使他们之间互相依赖、利益相关。

3）简化过程，减少非生产性费用。

4）简化生产检验环节，采用一体化的质量保证系统。简化产品检验环节，以流水线旁的生产小组为质量保证基础，取消了检验场所和修补加工区。

3. 以尽善尽美为最终目标

精益生产所追求的是“尽善尽美”，就是在提高企业整体效益方针的指导下，通过持续不断地在系统结构、人员组织、运行方式和市场供应等方面的变革，使生产系统很快适应用户需求而不断变化，精简生产过程中一切无用、多余的东西，在所需要的精确时间内，高质量地生产所需数量的产品，实现零缺陷（Zero Defects）、零准备（Zero Set-up Time）、零库存（Zero Inventories）、零搬运（Zero Handling）、零故障停机（Zero Breakdowns）、零提前量（Zero Lead Time）和批量为一（Lot Size of One），促使企业持续不断地获得更好的效益。

7.4.4 精益生产的应用

日本的汽车工业及其他工业由于采用了精益生产这种新的生产方式，很快取得了领先地位。例如，作为数控机床、加工中心、柔性制造系统（FMS）、计算机集成制造系统（CIMS）的诞生地，美国从1946年到1981年一直是世界上最大的机床生产国，占有世界机床产值的29%以上，但到了1986年，美国已有一半的机床要进口，1994年美国机床进口额位居世界第一，进口额的44.6%来自日本。而美国的汽车工业，从1955年占世界总产量的75%降低到1990年的25%。可以说是日本产品逐渐把许多美国产品挤出了市场。

詹姆斯·沃麦克、丹尼尔·琼斯等人经过五年的调查、分析和研究后认为，精益生产方式不仅仅适用于汽车工业，同样也可以适应于其他工业。由大批量生产方式向精益生产方式的转变将对人类社会产生深远的影响，并将真正地改变世界。因此，世界各国制造业都积极推广精益生产方式。例如，美国宇航业采用精益生产方式生产战斗机、战斗运输机、导弹和卫星产品后，其研制周期大大缩短，费用也明显降低；通用汽车公司、福特汽车公司也建立并逐步完善了自己的精益生产体系。

1992年德国宣布要以精益生产方式统一制造技术的发展方向，其中已有3/4的企业准备全面推行精益生产方式。又如，大众公司培训工人学习精益生产方式，连续改进千余项工艺，仅1993年的生产率就提高25%。

我国一汽集团、上海大众、跃进汽车集团、唐山爱信齿轮有限公司先后推广和应用精益生产方式，在及时生产、减少库存和看板管理等方面取得了良好的效果。

7.5 绿色制造

7.5.1 绿色制造的背景

20世纪60年代以来，全球经济以前所未有的高速度持续发展，但由于忽略了环境问题，带来了全球变暖、臭氧层破坏、酸雨、空气污染、水源污染和土地沙化等问题。与此同时，大量消费品因生命周期的缩短，造成废旧产品数量猛增。据统计，近10年来，全美国的垃圾填埋场有70%已失去功效，许多州的垃圾填埋场快要达到它们许可的容纳量。造成环境污染的排放物有70%以上来自于制造业，它们每年约产生出55亿t无害废物和7亿t有害废物。各国已经意识到环境问题的重要性，并相继提出了环境治理的方法和措施，但传统的环境治理方法是末端治理，不能从根本上实现对环境的保护。

传统的产品设计与制造往往忽略了对自然环境的影响，使得越来越多的有害废弃物轻易地进入环境而在无形中破坏了环境，在原料取得、制造、销售过程中随处可见废弃物。若不将最终消费者的行为计算在整个过程内，仍然有许多可再制或再生的资源未经使用就被废弃了。全球环境的日益恶化使制造业面临如何在获取最大效益的同时，提高资源的利用率、减少废弃物排放的挑战。

对制造业而言，就是要考虑产品整个生命周期对环境的影响，最大限度地利用原材料、能源，减少有害废物和固体、液体、气体的排放物，减轻对环境的污染。在这种背景下，很多专家学者相继提出了绿色制造（Green Manufacturing，简称GM）、环境意识的设计与制造（Environmentally Conscious Design and Manufacturing，简称ECD&M）、面向环境的设计与制造（Design and Manufacturing For Environment，简称D&MFE）、生态工厂（Ecofactory）、清洁化生产（Clean Production）等，并指出绿色制造是解决环境治理的根本方法和途径，是21世纪制造业的必由之路。

7.5.2 绿色制造的概念

1. 绿色制造

绿色制造又被称为环境意识制造（Environmentally Conscious Manufacturing，简称 ECM）和面向环境的制造（Manufacturing For Environment，简称 MFE）等。所谓绿色制造就是一个综合考虑环境影响和资源消耗的现代制造模式，其目标是使产品在从设计、制造、包装、运输、使用到报废处理的整个生命周期中，对环境的负面影响最小、资源利用率最高，并使企业经济效益和社会效益最高。

传统制造企业追求的目标几乎是唯一的，即最大的经济效益。企业为了得到最大的经济效益，有时甚至不惜牺牲环境，很少考虑人类世界有限的资源和如何节约的问题。绿色制造不仅要考虑企业的经济效益，更要考虑社会效益（包括环境效益和可持续发展效益等），于是企业追求的目标从单一的经济效益优化变革到经济效益和社会效益协调优化，制造企业追求的目标发生了根本的变革，如图 7-11 所示。

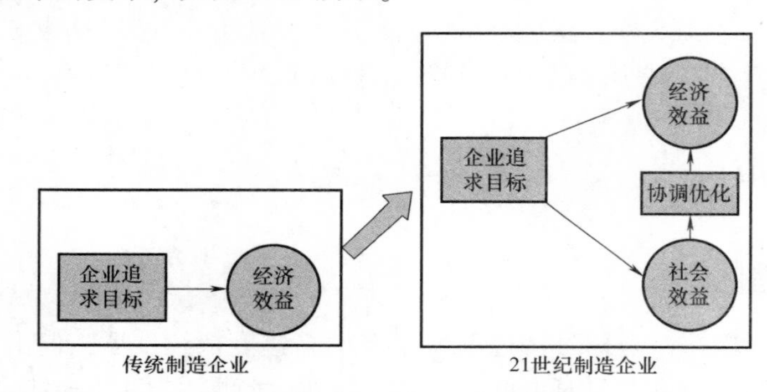

图 7-11　制造企业追求目标的变革

2. 绿色制造的内涵

绿色制造具有非常深刻的内涵，具有以下特点。

1）绿色制造中的“制造”涉及产品整个生命周期，是一个“大制造”的概念，同计算机集成制造、敏捷制造等概念中的“制造”一样。绿色制造体现了现代制造科学“大制造、大过程、学科交叉”的特点。

2）绿色设计、绿色工艺规划、清洁生产、绿色包装等可看成是绿色制造的组成部分。

3）资源、环境、人口是当今人类社会面临的三大主要问题，绿色制造是一种充分考虑前两种问题的现代制造模式。

4）绿色制造实质上是人类社会可持续发展战略的现代制造业体现。

7.5.3 绿色制造的内容

绿色制造的研究内容有绿色设计技术、绿色材料技术、绿色包装技术、绿色工艺规划技术、绿色制造系统等。

1. 绿色设计技术

绿色设计是指在产品生命周期的全过程中，在保证产品的功能、质量、开发周期和成本的同时，优化有关设计因素，充分考虑对资源和环境的影响，使得产品及其制造过程对环境的影响和资源的消耗最小。绿色设计应遵循如下设计准则。

1）环境准则。指降低物料消耗，降低能耗，环境污染最小，有利于职业健康和生产安全。

2）技术准则。指产品具有规定的功能，保证产品质量，达到预期的使用寿命。

3）经济性准则。是指产品制造费用最低，利润最大。

4）人机工程准则。是指产品具有良好的使用性能，满足消费个性。

绿色设计的关键技术，主要有以下几种。

1）面向拆卸的设计（Design For Disassembly，简称 DFD）：就是在设计过程中，将可拆卸性作为设计目标之一，使产品的结构不仅便于制造和具有良好的经济性，而且便于装配、拆卸、维修和回收。可拆卸性是产品的固有属性，单靠计算和分析设计不出好的可拆卸性能，需要根据设计和使用、回收中的经验，拟定准则，用以指导设计。

2）面向回收的设计（Design For Recovering & Recycling，简称 DFR）。这里所说的“回收”是区别于通常意义上的废旧产品回收的一种广义回收，包括重用（reuse）、再加工（remanufacturing）、高级回收（primary recycling）、次级回收（secondary recycling）、三级回收（tertiary recycling）、四级回收（quaternary recycling）和处理（disposal）。

2. 绿色材料

绿色材料（Green Material，简称 GM）又称环境协调材料（Environmental Conscious Material，简称 ECM），是指材料具有良好使用性能，对资源和能源消耗少，对生态与环境污染小，有利于人类健康，再生利用率高或可降解循环利用，都与环境协调共存。绿色材料开发不仅包括直接具有净化、修复环境等功能的高新技术材料的开发，也包括对使用量大、使用面广的传统材料的改造，使其“环境化”。绿色材料与环境具有良好的协调性。

3. 绿色工艺规划技术

大量的研究和实践表明，产品制造过程的工艺方案不一样，物料和能源的消耗将不一样，对环境的影响也将不一样。绿色工艺规划就是要根据制造系统的实况，尽量采用物料和能源消耗少、废弃物少、对环境污染小的工艺路线。

4. 绿色包装

绿色包装是指采用对环境和人体无污染、可回收重用或可再生的包装材料及其制品进行包装。绿色包装必须符合“3R1D”原则，即 Reduce（减少包装材料消耗），Reuse 或 Refill（包装容器的再填充使用），Recycle（包装材料的循环再利用），Degradable（包装材料具有可降解性）。

5. 绿色制造系统

联合国从人类长远生存的角度，提出了全球经济发展的可持续战略。绿色制造系统就是可持续发展战略在企业中的体现，其核心和重点是在确保产品满足人类物质文化需求的前提下，通过优化资源消耗，减少乃至消除废物产生，使企业生产过程以及与之相关的产品消费过程无损于生态环境。

7.5.4 绿色制造的发展趋势

当前，环境问题已经成为世界各国关注的热点，并列入世界议事日程。

国外不少国家的政府部门已推出了以保护环境为主题的“绿色计划”。例如，1991年日本推出了“绿色行业计划”；加拿大政府已开始实施环境保护“绿色计划”；美国、英国、德国也推出类似计划。

产品的绿色标志制度相继建立。凡产品标有“绿色标志”图形的，表明该产品从生产到使用以及回收的整个过程都符合环境保护的要求，对生态环境无害或危害极少，并利于资源的再生和回收，这为企业打开销路、参与国际市场竞争提供了条件。例如，德国水溶油漆自1981年开始被授予环境标志（绿色标志）以来，其贸易额已增加20%。目前已有德国、法国、瑞士、日本、芬兰和澳大利亚等20多个国家对产品实施环境标志，从而促进这些国家的“绿色产品”在国际市场竞争中取得了更多的地位和份额。

国内一些高等院校和研究院所也对绿色制造技术进行了广泛的研究探索。例如，清华大学在美国“China Bridge”基金和国家自然科学基金会的支持下，已与美国“Texas Tech University”先进制造实验室建立了关于绿色设计技术研究的国际合作关系，对全生命周期建模等绿色设计理论和方法进行系统研究，并取得一定进展；上海交通大学针对汽车开展可回收性绿色设计技术的研究，与Ford公司合作，研究中国轿车的回收工程问题；合肥工业大学开展了机械产品可回收设计理论和关键技术及回收指标评价体系的研究；重庆大学承担了国家自然科学基金和国家863/CIMS主题资助的关于绿色制造技术的研究项目，主要研究可持续发展CIMS（S-CIMS）的体系结构、清洁化生产系统和体系结构及实施策略、清洁化生产管理信息系统等。

国际经济专家分析认为，目前“绿色产品”比例为5%～10%，再过10年，所有产品将进入绿色设计家族。也就是说，在未来10年内绿色产品有可能成为世界商品市场的主导产品。

制造业必须改变传统制造模式，推行绿色制造技术，发展相关的绿色材料、绿色能源和绿色设计数据库、知识库等基础技术，生产出保护环境、提高资源效率的绿色产品，如绿色汽车、绿色电冰箱等，并用法律、法规规范企业行为。随着人们环保意识的增强，那些不推行绿色制造技术和不生产绿色产品的企业，将会在市场竞争中被淘汰。

思考与练习题

7-1 计算机集成制造技术的特点及用途是什么？

7-2 什么是并行工程？

7-3 敏捷制造技术的应用前景如何？

7-4 精益生产的实质是什么？

7-5 智能制造的三项关键技术是什么？

7-6 绿色制造的目的是什么？与绿色产品有什么关系？

第 8 章 先进加工技术

学习目标

了解电加工、激光加工、电子束加工、离子束加工、电解磨削、超声加工、振动切削、高速加工和水切割加工的概念、原理、特点及应用。

先进加工技术是区别于传统切削加工的方法，是利用化学、物理（电、声、光、热、磁）或电化学等方法对工件材料进行高速、精密加工的一系列加工方法的总称。

常用先进加工方法的性能与适用范围见表 8-1。

表 8-1 常用先进加工方法的性能与适用范围

加工方法	可加工材料	尺寸精度/mm	表面粗糙度值 $Ra/\mu m$	主要适用范围
电火花加工	任何导电的金属材料，如硬质合金、不锈钢、淬火钢、钛合金	0.03	10	从数微米的孔、槽到数米的超大型模具、工件等，如圆孔、方孔、异形孔、微孔、弯孔、深孔及各种模具，还可以进行刻字、表面强化、涂覆加工
电火花切割加工		0.02	5	切割各种模具及零件，各种样板等；也常用于钼、钨、半导体材料或贵重金属的切割
电解磨削		0.02	1.25	硬质合金等难加工材料的磨削以及超精光整研磨、珩磨
超声加工	任何脆性材料	0.03	0.63	加工、切割脆硬材料，如玻璃、石英、宝石、金刚石、半导体等
激光加工		0.01	10	精密加工小孔、窄缝及成形加工、蚀刻，还可焊接、热处理
电子束加工	任何材料	0.01	10	在各种难加工材料上打微孔、切缝、蚀刻、焊接等，常用于中、大规模集成电路微电子器件
离子束加工		0.01	0.01	对零件表面进行超精密加工、超微量加工、抛光、蚀刻、镀覆等
高速加工		<0.02	<5	飞机制造业和模具制造业等进行高效的精密加工

8.1 电加工

电加工已经经历了半个多世纪的发展，随着电加工技术和机床结构的不断改善，机床的加工精度和加工效率也得到了不断的提高。近十年来，随着材料科学技术、信息技术等高新技术的发展，电加工技术也向着更深层次、更高水平的方向发展，成为先进制造技术中不可或缺的重要组成部分。目前，电加工机床在我国各类数控机床中占有相当大的比例，今后仍将具有广阔的使用前景。

8.1.1 概念

1943 年，苏联科学院的拉扎林柯夫妇，在研究火花放电时，通过观察开关触点受到腐蚀损坏的现象，发现电火花的瞬时高温可使局部的金属熔化、汽化而被蚀除掉，因而开创和发明了电火花加工方式，并用铜丝在淬火钢上加工出小孔，实现了用软金属工具加工任何硬度的金属材料的目的，首次摆脱了传统的切削加工方式，直接利用电能和热能来去除金属，获得了“以柔克刚”的效果。

1. 电加工

电加工主要是指利用电的各种效应（如电能、电化学能、电热能、电磁能、电光能等）对金属材料进行加工的一种方式。电加工包括电蚀加工（电火花成形加工和线切割加工）、电子束加工、电化学加工（电抛光等）及电热加工（导电磨削、电热整平）等。从狭义而言，电加工一般指直接利用电能（放电）对金属材料进行加工的一种方式，主要有电火花成形加工、线电极切割、电抛光、电解磨削加工。

2. 电火花成形加工

电火花成形加工（Electrical Discharge Machining，简称 EDM），也称为放电加工、电蚀加工或电脉冲加工，是一种靠工具电极和工件电极之间的脉冲性火花放电来蚀除多余的金属，直接利用电能和热能进行加工的工艺方法。由于加工过程中可看见火花，因此被称为电火花加工。

3. 电火花线切割加工

电火花线切割加工（Wire Cut EDM）是在电火花加工的基础上发展起来的一种新兴加工工艺，采用细金属丝（钼丝或黄铜丝）作为工具电极。电火花线切割机床根据数控编程指令进行切割，可加工出满足技术要求的工件。

8.1.2 电火花加工的类型

按照工具电极和工件相对运动的方式与用途的不同，电火花加工大致可分为电火花穿孔成形加工、电火花线切割、电火花磨削和镗磨、电火花同步共轭回转加工、电火花高速小孔加工、电火花表面强化与刻字六大类。前五类属电火花成形、尺寸加工，是用于改变零件形状或尺寸的加工方法；后者则属表面加工方法，用于改善或改变零件表面性质，以电火花穿孔成形加工和电火花线切割应用最为广泛。

电火花加工工艺方法的分类、特点及应用见表 8-2。

表 8-2 电火花加工工艺方法的分类、特点及应用

类别	工艺方法	特　点	用　途	备　注
1	电火花穿孔成形加工	工具电极和工件间主要只有一个相对的伺服进给运动。工具电极为成形电极，与被加工表面有相同的截面和相应的形状	用于加工各种冲模、挤压模、粉末冶金模，各种异形孔及微孔等型腔，各类型腔模及各种复杂的型腔零件	约占电火花机床总数的30%，典型机床有D7125、D7140型等
2	电火花线切割加工	工具电极为与电极丝轴线垂直移动着的线状电极。工具电极与工件在两个水平方向同时有相对伺服进给运动	各种冲模和具有直纹面的零件下料、切割和窄缝加工	约占电火花机床总数的60%，典型机床有DK7725、DK7740型等
3	电火花磨削和镗磨	工具电极与工件有相对的旋转运动。工具电极与工件间有径向和轴向的进给运动	加工高精度、表面粗糙度值小的小孔，如拉丝模、挤压模、微型轴承内环、钻套等，还加工外圆、小模数滚刀等	约占电火花机床总数的3%，典型机床有D6310型电火花小孔内圆磨床
4	电火花同步共轭回转加工	成形工具与工件均做旋转运动，且二者速度相等或成整数倍，相对接近的放电点有切向相对运动速度。工具相对工件可做纵、横向进给运动	以同步回转、展成回转、倍角速度回转等不同方式，加工各种复杂型面的零件。如高精度的异形齿轮，精密螺纹环规，高精度、高对称度、表面粗糙度值小的内外回转体表面等	占电火花机床总数不足1%，典型机床有JN-2、JN-8型内、外螺纹加工机床等
5	电火花高速小孔加工	采用细管（$>\phi0.3$mm）电极，管内冲入高压水基工作液，细管电极旋转，穿孔速度很高（30~60mm/min）	线切割加工深径比很大的小孔，如喷嘴等	约占电火花机床总数的2%，典型机床有D703A型电火花高速小孔加工机床
6	电火花表面强化与刻字	工具在工件表面上振动，在空气中放火花 工具相对工件移动	模具刃口、刀具、量具刃口表面强化和镀覆 电火花刻字、打印记	占电火花机床总数的1%~2%，典型机床有D9105型电火花强化机等

8.1.3 电火花成形加工

1. 电火花成形加工原理

电火花成形加工原理如图 8-1 所示。

电火花成形加工与传统的机械切削加工原理完全不同，在加工过程中，工具电极与工件并不接触。当工具电极（简称电极）2 与工件电极（简称工件）4 在绝缘介质中相互接近，达到某一小距离时，脉冲电源 7 上施加的电压把两电极间距离最小处（0.005~0.10mm）的介质击穿，这样便形成了脉冲放电，产生局部瞬时高温，将电极对的金属材料蚀除。两电极不断地重复接近—放电—蚀除的循环过程，就可加工出完整的工件。

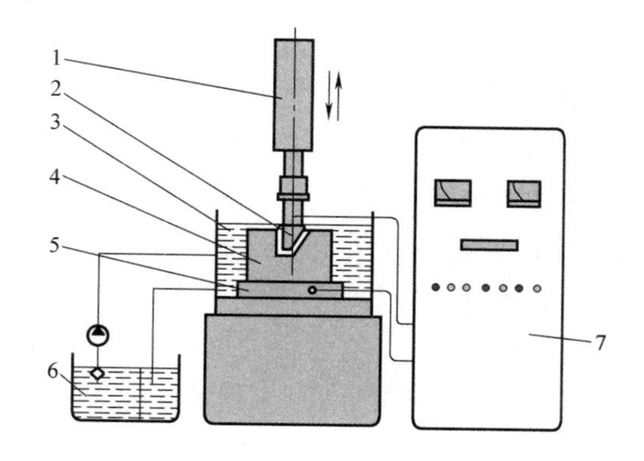

图 8-1 电火花成形加工原理

1—主轴头 2—工具电极 3—工作液槽 4—工件电极 5—床身工作台 6—工作液装置 7—脉冲电源

电火花成形加工机床如图 8-2 所示。

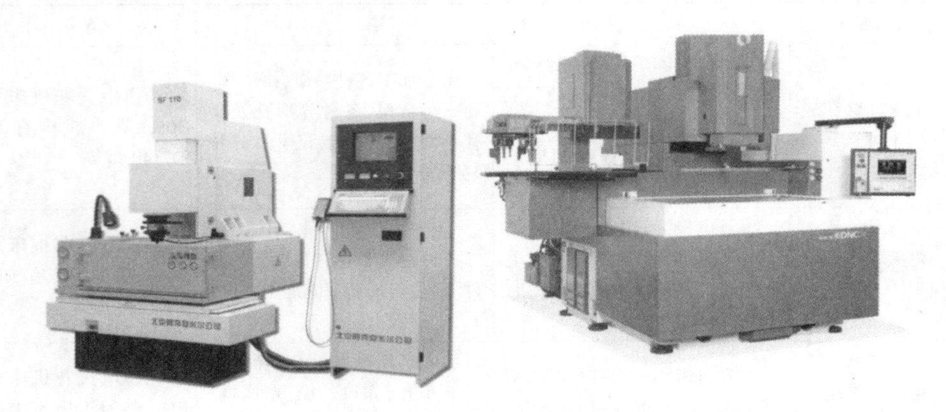

图 8-2　电火花成形加工机床

2. 放电蚀除过程

放电蚀除的微观过程相当复杂，其间包含了电场力、磁场力、热力、流体动力和电化学力等综合作用。这一过程大致可分为四个阶段。

1）由于电极及工件的微观表面是凹凸不平的，所以当脉冲电压施加到两极时，在两极之间距离最靠近处的绝缘介质（工作液，大多用煤油）被击穿，便形成了放电通道。

2）随着放电通道内电流密度不断增加，电子和离子在电场力作用下高速运动且相互碰撞，这样在放电通道内瞬间产生大量的热能，使放电部位（突出的尖点）金属局部熔化甚至汽化。

3）在放电爆炸力的作用下，将熔化的金属抛出。熔化和汽化的金属在被抛离电极表面时，绝大部分在工作液中冷凝成微小的球状颗粒，少部分则可能飞溅或粘附到电极表面上。工作液（煤油）裂解后产生的碳也会附着到电极表面上，放电加工后的电极表面可以经常看到明显的碳附着现象。

4）放电结束后，极间介质消电离，恢复绝缘状态，为下次电火花加工做准备。

了解放电腐蚀的微观过程，有助于理解电火花加工工艺的基本规律，也有助于对电加工中脉冲宽度、脉冲间隔、放电时间、放电峰值电流、放电峰值电压等参数的理解。

3. 工作条件

一般说来，电火花加工必须具备以下条件。

1）脉冲放电时必须具有足够大的能量密度，以便使工件材料局部熔化和汽化。为了压缩放电通道的面积，使放电能量能够更加集中，需借助液体的可压缩性较小的特点，故放电大多是在液体介质（又称工作液）中进行的，如煤油、皂化液或去离子水等。工作液必须具有较高的绝缘强度（电阻率为 103 ~ 107Ω · cm），以利于产生脉冲火花放电。

2）放电应当是脉冲式的（脉宽一般为 0.2 ~ 1000μs），可以使脉冲放电产生的绝大部分热量来不及从极微小的放电区域扩散出去。同时每个脉冲放电后的停歇时间（脉冲间隔）应确保电极间的介质来得及消电离，恢复绝缘，以便使下一个脉冲能在电极之间新的距离最小处击穿放电，避免在同一点上连续放电，形成电弧而使放电点表面大量发热、熔化，导致烧伤工件。

3）放电过程中的电蚀产物（包括飞溅出的蚀除颗粒、气体及液体介质的裂解产物等）及热量应及时从微小的放电间隙（为0.01～0.05mm）中排出，以利于液体介质恢复绝缘，维持脉冲放电正常、连续地进行，达到加工的目的。

4）随着脉冲放电的持续进行，工件及电极材料不断被蚀除，两电极间的距离逐步加大。为了使间隙电压能有效击穿极间的介质，加工装置的进给系统必须及时调整两极间的距离，使之始终保持最佳的击穿放电间隙。

4. 特点及应用

电火花加工的优缺点及用途如下。

1）由于电火花加工是靠脉冲放电的电热作用蚀除工件材料的，与工件的力学性能关系不大，因而其适用于难切削材料的成形加工，并且对传统切削加工工艺难以加工的超硬材料，如人造聚晶金刚石（PCD）及立方氮化硼（CBN）等也是极好的补充加工手段。

2）由于放电蚀除对材料不会产生大的机械切削力，因此它还可加工特殊的、形状复杂的零件，如适用于加工脆性材料（如导电陶瓷）或薄壁弱刚性零件以及使用普通切削刀具易发生干涉而难以进行加工的精密微细异形孔、深小孔、狭长缝隙、弯曲轴线的孔、型腔等。

3）当脉冲宽度较小（不大于8μs）时，由于单个脉冲能量不大，放电又是浸没在工作液中进行的，因此对整个工件而言，在加工过程中几乎不受热的影响，有利于加工热敏感材料，采取一定工艺措施后还可获得镜面加工的效果。

4）由于加工的放电脉冲参数可以任意调节，所以在同一台机床上就可以完成粗加工、半精加工、精加工，而且易于实现加工过程的自动化。目前，有些高档数控电火花成形机床已能实现无人化操作。

5）采用电火花成形加工还有助于改进和简化产品的结构设计与制造工艺，提高其使用性能。

电火花加工也有其一定的局限性，主要有以下几点。

1）它仅适于加工金属等导电材料，不像切削加工那样可以轻松地加工塑料、陶瓷等绝缘材料。

2）在一般情况下，电火花加工的加工速度要低于切削加工。

3）由于电火花加工是靠电极间的火花放电蚀除金属的，因此工件与工具电极都会有损耗，而且工具电极的损耗大多集中在尖角及底部棱边处，这直接影响了电火花成形加工的成形精度。

4）最小圆角半径有限制，难以实现直角加工。一般电火花加工能得到的最小圆角半径等于加工间隙（通常为0.01～0.05mm），但因电火花成形加工电极有损耗或采用平动加工，角部半径还会增大。

由于电火花加工具有传统切削加工无法比拟的优点，故其应用领域日益扩大，目前已广泛应用于各类精密模具制造、航天、航空、电子、电器、精密微细机械零件加工，以及汽车、仪器仪表、轻工等众多行业。电火花加工主要解决难加工材料（如超硬、超软、脆性材料等）及复杂形状零件的加工难题，加工件的尺寸范围大到1～2m的模具，小到几十微米的微型机械的轴、齿轮、孔、槽缝等。

8.1.4 电火花线切割加工

1. 电火花线切割加工的原理

电火花线切割加工的原理如图8-3所示。

在线切割加工时，电极丝由电动机和导轮带动做如图8-3中箭头所示的运动，工件4装夹在工作台3上，数控伺服机构按照数控程序控制运动，在电极丝和工件之间，液压喷头不停地喷注工作液，随着工件的不断移动，电极丝所到之处不断被电蚀，最终实现整个工件的电蚀切割加工。

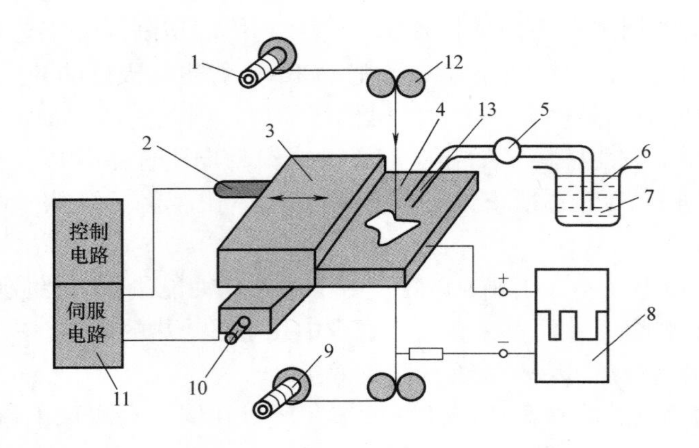

图8-3 电火花线切割加工的原理

1—供丝筒 2—X轴电动机 3—工作台 4—工件 5—工作液泵 6—工作液箱 7—去离子水 8—脉冲电源 9—收丝筒 10—Y轴电动机 11—控制装置 12—导轮 13—液压喷嘴

由于线切割火花放电时，阳极的蚀除量在大多数情况下远远大于阴极的蚀除量，所以在进行电火花线切割加工时，工件一律接脉冲电源的正极（阳极）。当脉冲电源发出一个电脉冲时，由于电极丝与工件之间的距离很小（放电间隙在0.01mm左右），电压就可击穿这一距离（通常称为放电间隙）即产生一次电火花放电。在火花放电通道中心，温度瞬间可达上万摄氏度，使工件材料熔化甚至汽化。同时，喷到放电间隙中的工作液在高温作用下也急剧汽化膨胀，如同发生爆炸一样，冲击波将熔化和汽化后的金属从放电部位抛出。脉冲电源不断地发出电脉冲，形成一次次火花放电，将工件材料不断地去除。

电火花线切割加工按照走丝速度大小可分为快走丝线切割、慢走丝线切割及混合式线切割（有快、慢两套走丝系统）三大类。快走丝数控线切割机床如图8-4所示，慢走丝数控线切割机床如图8-5所示。

1）线切割快走丝简称快走丝（WEND-HS），是指电极丝运动速度较高（每秒几百毫米到十几米）且往复运动的电火花线切割加工。

2）线切割慢走丝简称慢走丝（WEND-LS），是指电极丝运动速度较低（每秒零点几毫米到几百毫米）且单向运动的一种电火花线切割加工工艺，其电极丝只一次性通过加工区域，电极丝经过加工区域后被收丝筒绕在废丝轮上。由于它是单向走丝，所以电极丝的极微量的损耗对加工精度几乎没有影响，因此加工精度很高。

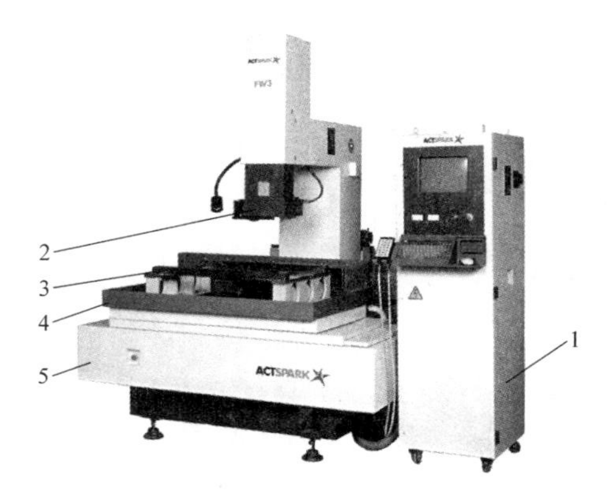

图 8-4 快走丝数控线切割机床

1—控制柜 2—走丝机构 3—丝架
4—坐标工作台 5—床身

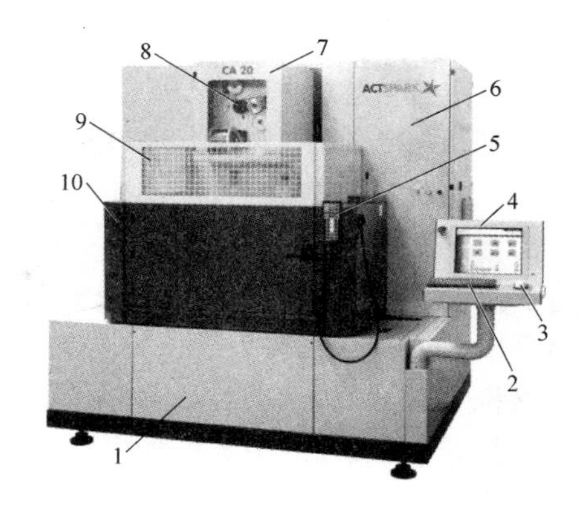

图 8-5 慢走丝数控线切割机床

1—床身 2—键盘 3—鼠标 4—显示器
5—手控盒 6—配电柜 7—立柱 8—运丝系统 9—防护网 10—防护罩

2. 线切割工作条件

为确保脉冲电源发出的一串电脉冲在电极丝和工件间产生一个个间断的火花放电，而不是连续的电弧放电，必须保证前后两个电脉冲之间有足够的间歇时间，使放电间隙中的介质达到充分消除电离的状态，恢复放电通道的绝缘性，避免在同一部位发生连续放电，导致电弧发生（一般脉冲间隔为脉冲宽度的 1 ~4 倍）。而要保证电极丝在火花放电时不会被烧断，除了变换放电部位外，还要向放电间隙中注入充足的工作液，使电极丝得到充分冷却。由于快速移动的电极丝（丝速在 5 ~12m/s 范围内）能将工作液不断带入放电间隙，不仅能使放电部位不断变换，又能把放电产生的热量及电蚀产物带走，从而使加工稳定性和加工速度得到大幅度的提高。

为了获得较高的加工表面质量和加工尺寸精度，应当选择适宜的脉冲参数，以确保电极丝和工件的放电是火花放电，而不产生电弧放电。

火花放电和电弧放电的主要区别如下：

1）电弧放电的击穿电压低，而火花放电的击穿电压高，用示波器能很容易观察到这一差异。

2）电弧放电是因放电间隙消电离不充分，多次在同一部位连续稳定放电形成的。放电爆炸力小，颜色发白，蚀除量低；而火花放电是游走性的非稳定放电过程，放电爆炸力大，放电声音清脆，呈蓝色火花，蚀除量高。

3. 线切割的应用

线切割加工主要应用于以下几个方面。

1）绝大多数冲裁模具都采用线切割加工制造，因为只须计算一次，编好程序后就可加工出凸模、凸模固定板、凹模及卸料板。此外，还可加工粉末冶金模、压弯模和塑压模等。

2）试制新产品时，一些关键件往往需用模具制造，但加工模具周期长且成本高，采用线切割加工便可以直接切制零件，从而缩短新产品的试制周期。

3）在精密型孔、样板及成形刀具、精密狭槽等加工中，利用机械切削加工很困难，而采用线切割加工则比较适宜。此外，不少电火花成形加工所用的工具电极（大多用纯铜制作，可加工性差）也采用线切割加工。

4）由于线切割加工用的电极丝尺寸远小于切削刀具尺寸（最细的电极丝尺寸可达 $\phi0.02$mm），所以用它切割贵重金属，可节约很多切缝消耗。

4. 数控线切割编程

为了便于数控机床自动加工并使被加工工件达到预期的技术要求，必须向数控系统发出一系列严格的“命令”，即按照一定的格式来编制数控加工程序。数控线切割编程也分手工编程（又称人工编程）和自动编程（又称计算机编程）两种。

1）目前国内通用的手工编程程序格式有3B、4B和G代码等，国际通用的程序格式有ISO和EIA标准等。ISO编程方式是一种通用的编程方法，其编程方式与数控铣床编程类似，使用标准的G指令、M指令等代码，控制功能更强，使用更为广泛，适用于慢走丝和大部分的快走丝线切割机床。

2）随着计算机及其相关产业的飞速发展，各种自动编程软件不断涌现，大大减轻了编程的劳动强度和时间。自动编程是采用人机交互的方法，借助计算机绘制图形，再按照这一图形和指定的其他参数自动生成程序。目前常用的线切割编程软件有多种，如YH、AUTOP、YCUT、CAXA等，UG、Cimatron、Master cam等常用CAD/CAM软件也带有线切割加工模块，支持自动编程。另外，许多线切割机床也附带有自动编程系统，如夏米尔、三菱、沙迪克、汉川等。CAXA线切割软件功能较为完善，操作简单易懂，长期以来都得到了广泛的应用。

8.2 激光加工

激光加工就是利用光的能量经过透镜聚焦后在焦点上达到很高的能量密度产生的光热效应来加工各种材料。激光加工已经用于打孔、切割、电子器件的微调、焊接、热处理以及激光存储等各个领域。

8.2.1 激光的概念

我们知道，原子由一个带正电荷的原子核和若干个带负电荷的电子组成，且正、负电荷数量相等，各个电子围绕原子核做轨迹运动。电子的每一种运动状态对应着原子的一个内部能量值，称为原子的能级。原子的最低能级称为基态，能量比基态高的能级均称为激发态。光和物质的相互作用可归纳为光和原子的相互作用，这些作用会引起原子所处能级状态的变化。在正常情况下，物质体系中处于低能级的原子数总比处于高能级的原子数多，这使吸收过程总是胜过受激过程。要使受激发射过程胜过吸收过程，实现光放大，就必须以外界激励来破坏原来粒子数的分布，使处于低能级的粒子吸收外界能量跃迁到高能级，实现粒子数的反转，即使高能级上的原子数多于低能级上的原子数，这个过程称为激励。激励之后的高能级原子跃迁到低能级而发射光子，即产生激光。

提示：人们可以利用透镜将太阳光聚焦，引燃易燃物取火种或加热烧水等，但却无法用它来加工材料。原因一是地面上太阳光的能量密度不高；二是太阳光不是单色光，而是多种不同波长的多色光，聚焦后焦点并不在同一平面内。

8.2.2 激光加工概述

1. 激光加工的原理

激光是一种强度高、方向性好、单色性好的相干光。由于激光的发散角小、单色性好，理论上可以聚焦到尺寸与光的波长相近的（微米甚至亚微米）小斑点上，加上它本身强度高，故可以使其焦点处的功率密度达到$10^7 \sim 10^{11}$ W/cm²，温度可达10000℃以上。在这样的高温下，任何材料都将瞬时急剧熔化和汽化，并爆炸性地高速喷射出来，同时产生方向性很强的冲击。因此，激光加工是工件在光热效应下产生高温熔融和受冲击波抛出的综合过程，如图8-6所示。

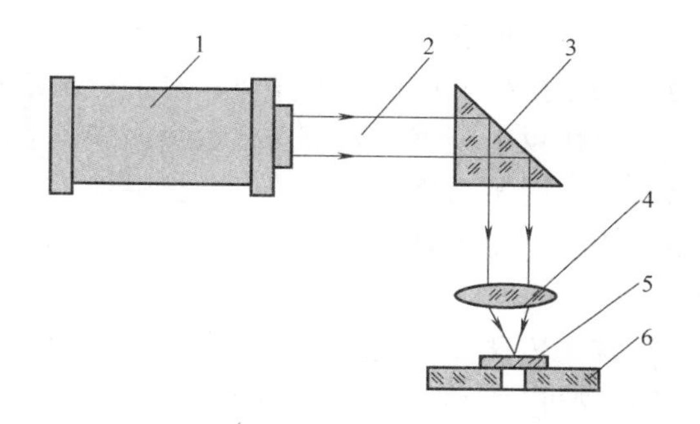

图8-6 激光加工原理示意图
1—激光器 2—激光束 3—全反射棱镜
4—聚焦物镜 5—工件 6—工作台

2. 激光加工设备

激光加工的基本设备由激光器、导光聚焦系统和加工机（激光加工系统）三部分组成。

（1）激光器 激光器是激光加工的重要设备，其任务是把电能转变成光能，产生所需要的激光束。激光器按工作物质的种类可分为固体激光器、气体激光器、液体激光器和半导体激光器四大类。由于He-Ne（氦－氖）气体激光器所产生的激光不仅容易控制，而且方向性、单色性及相干性比较好，因而在机械制造的精密测量中被广泛采用。而在激光加工中则要求输出功率与能量大，目前多采用二氧化碳气体激光器及红宝石、钕玻璃、YAG（掺钕钇铝石榴石）等固体激光器。

激光器的种类见表8-3。

表8-3 激光器的种类

激光器	固体激光器	气体激光器	液体激光器	化学激光器	半导体激光器
优点	功率大，体积小，使用方便	单色性、相干性、频率稳定性好，操作方便，波长丰富	价格低廉，设备简单，输出波长连续可调	体积小，质量轻，效率高，结构简单、紧凑	不需外加激励源，适合于野外使用
缺点	相干性和频率稳定性不够，能量转换效率低	输出功率低	激光特性易受环境温度影响，进入稳定工作状态时间长	输出功率较低，发散角较大	目前功率较低，但有希望获得巨大功率
应用范围	工业加工、雷达、测距、制导、医疗、光谱分析、通信与科研等	应用最广泛，遍及各行各业	医疗、农业和各种科学研究	通信、测距、信息存储与处理等	测距、军事、科研等
常用类型	红宝石激光器	氦氖激光器	染料激光器	砷化镓激光器	氟氢激光器

（2）导光聚焦系统 根据被加工工件的性能要求，光束经放大、整形、聚焦后作用于加工部位，这种从激光器输出窗口到被加工工件之间的装置称为导光聚焦系统。

（3）激光加工系统　激光加工系统主要包括床身、能够在三维坐标范围内移动的工作台及机电控制系统等。随着电子技术的发展，许多激光加工系统已采用计算机来控制工作台的移动，实现激光加工的连续工作。

8.2.3　激光加工的特点

激光加工的特点主要有以下几个方面。

1）几乎对所有的金属和非金属材料都可以进行激光加工。

2）激光能聚焦成极小的光斑，可进行微细和精密加工，如微细窄缝和微型孔的加工。

3）可用反射镜将激光束送往远离激光器的隔离室或其他地点进行加工。

4）加工时不需用刀具，属于非接触加工，无机械加工变形。

5）无需加工工具和特殊环境，便于自动控制连续加工，加工效率高，加工变形和热变形小。

6）加工方法多，适应性强，在同一台设备上可完成切割、焊接、表面处理、打孔等多种加工；既可分步加工，又可在几个工位同时进行加工。

7）节约能源与材料，无公害无污染激光束的能量利用率为常规热加工工艺的 10～1000 倍，激光切割可节省材料 15%～30%。激光束不产生像电子束那样的射线，无加工污染。

例如，用激光切割可提高效率 8～10 倍；用激光进行深熔焊接的生产率比传统方式提高 30 倍；用激光微调薄膜电阻可提高工效 1000 倍，提高精度 1～2 个量级；用激光强化电镀，其金属沉积率可提高 1000 倍；金刚石拉丝模用机械方法打孔需要 24h，用 YAG 激光器打孔只需 2s，提高工效 43200 倍；与其他打孔方法相比，激光打孔的费用节省 25%～75%，间接加工费用节省 50%～75%。与其他切割方法相比，激光切割钢材可降低费用 70%～90%。

8.2.4　激光加工的应用

在激光加工中利用激光能量高度集中的特点，可以打孔、切割、雕刻及进行表面处理，利用激光的单色性还可以进行精密测量。

（1）激光打孔　激光打孔是激光加工中应用最早和应用最广泛的一种加工方法，如图 8-7 所示。利用凸镜将激光在工件上聚焦，焦点处的高温使材料瞬时熔化、汽化、蒸发。汽化物质以超音速喷射出来，其反冲击力在工件内部形成一个向后的冲击波，在此作用下打孔。激光打孔速度极快，效率极高。如用激光给手表的红宝石轴承打孔，1s 内可加工 14～16 个，且合格率达 99%。目前激光打孔常用于微细孔和超硬材料打孔，如柴油机喷油器、金刚石拉丝模、化纤喷丝头、卷烟机上用的集流管等。

（2）激光切割　激光切割与激光打孔的原理基本相同，也是将激光能量聚集到很微小的范围内把工件烧穿，但切割时需移动工件或激光束（一般移动工件）。在实际加工中，采用工作台数控技术，可以实现激光数控切割。激光切割大多采用大功率的 CO_2 激光器，对于精细切割，也可采用 YAG 激光器。激光切割过程中，影响激光切割参数的主要因素有激光功率、吹气压力和材料厚度等。

激光可以切割金属也可以切割非金属。在激光切割过程中，由于激光对被切割材料不产生机械冲击和压力，再加上激光切割切缝小，便于自动控制，故在实际中常用来加工玻璃、陶瓷和各种精密细小的零部件。图 8-8 所示为利用 CO_2 激光器切割钛合金。

a)

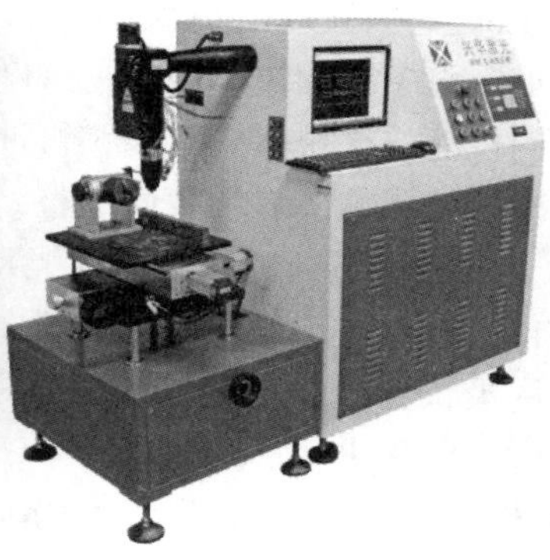

b)

图 8-7　激光打孔

a）原理图　b）激光打孔机

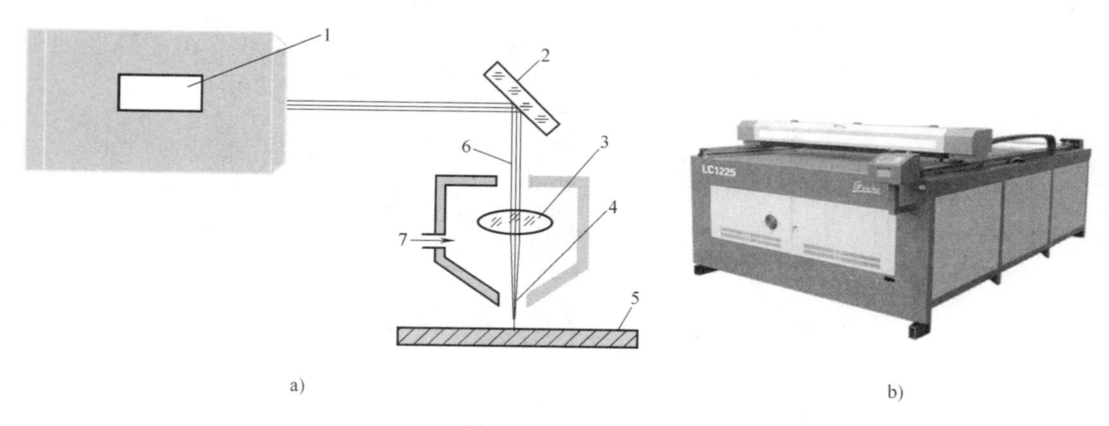

a)　　b)

图 8-8　激光切割

a）激光切割钛合金　b）激光切割机

1—CO_2 激光器　2—平面镜　3—聚焦透镜　4—喷嘴　5—钛合金　6—激光束　7—辅助气体

（3）激光焊接　激光焊接与激光打孔的原理稍有不同，焊接时不需要那么高的能量密度使工件材料产生汽化蚀除，而只要将工件的加工区烧熔，使其粘合在一起。因此，激光焊接所需能量密度较低，可用小功率激光器。与其他焊接相比，激光焊接具有焊接时间短、效率高、无喷渣、被焊材料不易氧化、热影响区小等特点，不仅能焊接同种材料，而且可以焊接不同种类的材料，甚至可以焊接金属与非金属材料。图 8-9 所示为激光焊接机。

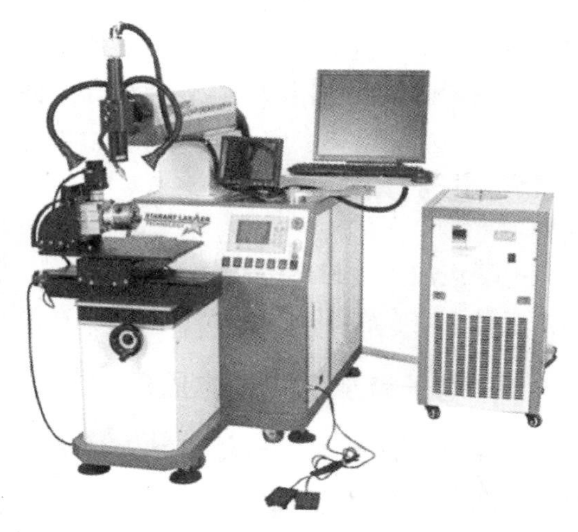

图 8-9　激光焊接机

随着千瓦级大功率 CO_2 激光器的出现，激光焊接的厚度已从零点几毫米提高到 50mm，已应用于汽车、钢铁、航空、原子能、电气电子等重要工业部门。目前在世界各国激光加工的应用领域中，激光焊接的应用仅次于激光切割，在激光加工设备中约占20.9%。如车身覆盖件剪裁激光拼焊，用激光将不同厚度、不同材质、不同性能的小块拼焊起来，再冲压成形，材料利用率由40%～60%提高到70%～80%，而且减轻了质量，焊后表面平整，无翘曲和变形，确保车身覆盖件的质量。

（4）激光的表面热处理　利用激光对金属工件表面进行扫描，从而引起工件表面金相组织发生变化，进而对工件表面进行表面淬火、粉末粘合等。用激光进行表面淬火，工件表层的加热速度极快，内部受热极少，工件不产生热变形，特别适合于对齿轮、气缸等形状复杂的零件进行表面淬火。

（5）激光打标　图8-10所示为振镜激光打标。

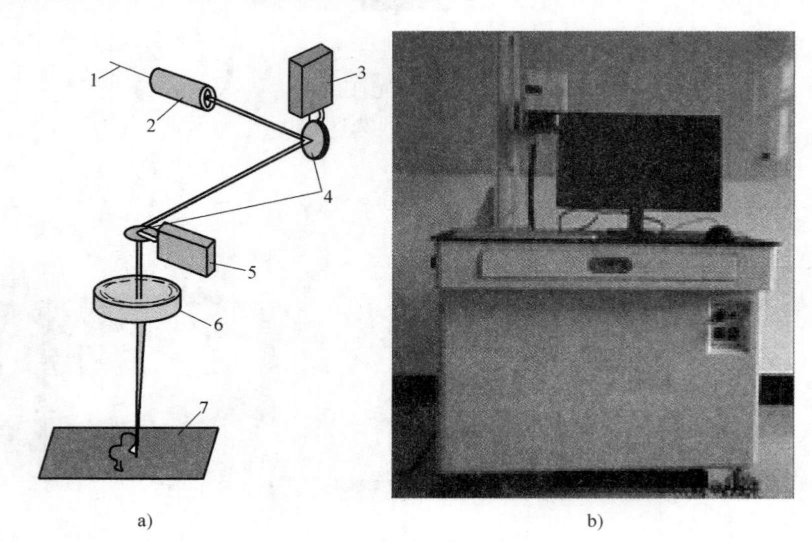

a)　　b)

图8-10　振镜激光打标

a）原理图　b）激光打标机

1—激光束　2—光束准直　3—*X*轴电动机　4—振镜　5—*Y*轴电动机　6—透镜　7—工件

激光打标是指利用高能量的激光束照射在工件表面上，光能瞬时变成热能，使工件表面迅速蒸发，从而在工件表面刻出任意所需要的文字和图形，以作为永久防伪标志。

此外，还可以利用激光除锈、消除工件表面的沉积物等。

8.3　电子束加工

电子束加工（Electron Beam Machining，简称EBM）是近年来得到较大发展的新兴特种加工工种，它在精细加工方面，尤其是在微电子学领域中得到了较多应用。

8.3.1　电子束加工的基本原理

电子是一个非常小的粒子（半径为2.8×10^{-9}mm），质量很小（2.8×10^{-29}g），但其能量很高，可达几百万电子伏（eV）。电子枪射出的电子束可以聚焦到直径为5～10μm，因此有很高的能量密度，可达10^6～10^9W/cm^2。高速高能量密度的电子束冲击到工件材料上时，在几分之一微秒的瞬时，入射电子与原子相互碰撞作用，产生局部高温（高达几千度），使工件材料局部熔化、汽化、蒸发成为雾状粒子而被真空系统去除，这就是电子束加工。

高能电子束具有很强的穿透能力，穿透深度为几微米甚至几十微米。通过控制电子束能量密度的大小和能量注入时间，就可以达到不同的加工目的，主要如下：

1）提高电子束能量密度，使材料熔化或汽化，便可进行打孔、切割等加工。

2）使材料局部熔化可进行电子束焊接。

3）只使材料局部加热就可进行电子束热处理。

4）利用较低能量密度的电子束轰击高分子材料时产生化学变化，就可进行电子束光刻加工。

8.3.2 电子束加工的特点

1）电子束能够极细微聚焦，加工面积可以很小，能够加工细微深孔、窄缝、半导体集成电路等。

2）加工材料的范围较广，脆性、韧性、导体与非导体及半导体材料都可以加工。因为是在真空中加工，不易被氧化，特别适合加工易氧化的金属及合金材料，以及纯度要求极高的半导体材料，而且污染少。

3）加工速度快、效率高。如1s可以在2.5mm厚的钢板上钻50个直径为0.4mm的孔，其生产率比电加工高几十倍。

4）因为电子束加工是非接触式加工，不受机械力作用，故加工工件不易产生宏观应力和变形。

5）可以通过磁场和电场对电子束强度、位置、聚焦等进行直接控制，便于计算机自动控制。

6）设备价格较贵，成本高，同时应考虑X射线的防护问题。

8.3.3 电子束加工装置

图8-11所示为电子束加工原理示意图和其加工装置。

（1）电子枪　电子枪包括电子发射阴极、控制栅极和加速阳极等。阴极经电流加热发射电子，带负电荷的电子高速飞向带高电位的正极。在飞向正极的过程中，经过加速极加速，又通过电磁透镜把电子束聚焦成很小的束流。

（2）真空系统　真空系统用来保证所需 $1.33\times10^{-2}\sim1.33\times10^{-4}$Pa 的真空度，同时不断地把加工中产生的金属蒸气抽去，以免加工时的金属蒸气影响电子发射而使其产生不稳定现象。

真空系统一般由机械旋转泵和油扩散泵或涡轮分子泵组成，先用机械旋转泵把真空室抽至1.4～0.14Pa的初步真空度，然后再由油扩散泵或涡轮分子泵抽至0.014～0.00014Pa的高真空度。

（3）控制系统和电源电子束加工装置　控制系统包括束流聚焦控制、束流位置控制、束流强度控制以及工作台位移控制等部分。另外，电子束加工装置对电源电压的稳定性要求很高，因此需用稳压设备。

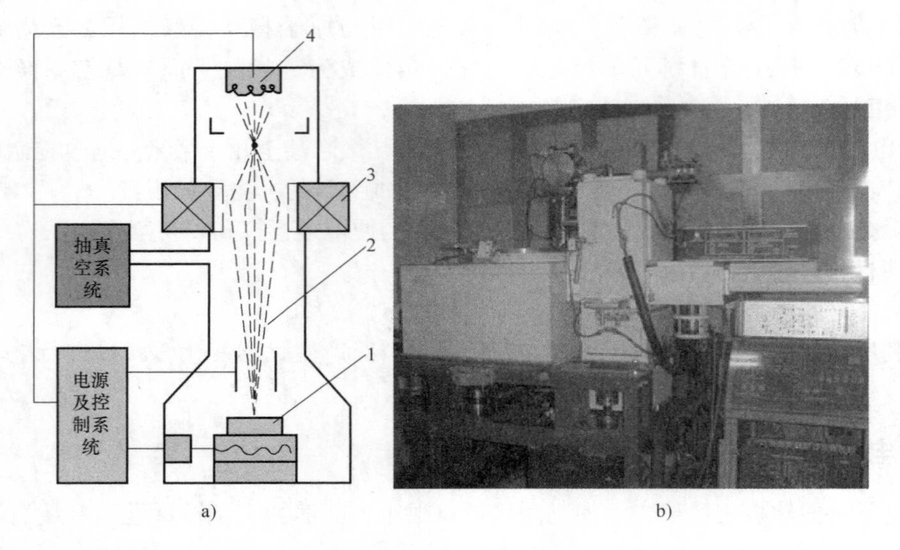

a）　　b）

图 8-11　电子束加工
a）结构示意　b）加工装置
1—工作台系统　2—电子束　3—电磁透镜　4—电子枪

8.3.4　电子束加工的应用

电子束加工按其功率密度和能量注入时间的不同，可分别用于打孔、切割、蚀刻、焊接、热处理、光刻加工等。

1. 高速打孔

利用电子束打孔，孔的深径比可达 10:1，最小直径可达 ϕ0.003mm 左右，而且速度极高。如用电子束加工玻璃纤维喷丝头上直径为 ϕ0.8mm、深 3mm 的孔，效率可达 20 孔/s，比电火花打孔快 100 倍；在人造革、塑料上可以 50000 孔/s 的极高速打孔。

2. 焊接

当高能量密度的电子束轰击焊接表面时，可以使焊件接头处的金属熔化，在电子束连续不断的轰击下，形成一个被熔融金属环绕着的毛细管状的熔池。若焊件按一定的速度沿着焊缝与电子束做相对移动，则接缝上的熔池由于电子束的离开重新凝固，使焊件的整个接缝形成一条完整的焊缝。

由于电子束的能量密度高、焊接速度快，所以电子束焊接时焊缝深而窄，且对焊件的热影响小，变形小，可以在工件精加工后进行。因焊接在真空中进行且一般不用焊条，这样焊缝化学成分纯净，焊接接头的强度往往高于母材。

利用电子束可以焊接如钽、铌、钼等难熔金属，也可焊接如钛、铀等活性金属，还能完成用一般焊接方法难以完成的异种金属焊接，如铜和不锈钢，钢和硬质合金，铬、镍和钼等的焊接。

3. 加工型孔和特殊表面

利用电子束在磁场中偏转的原理，使电子束在工件内部偏转，控制电子速度和磁场强度，即可控制曲率半径，便可以加工一定要求的弯曲孔。如果同时改变电子束和工件的相对位置，就可进行切割和开槽等加工。图 8-12 所示为用电子束加工喷丝头异型孔。

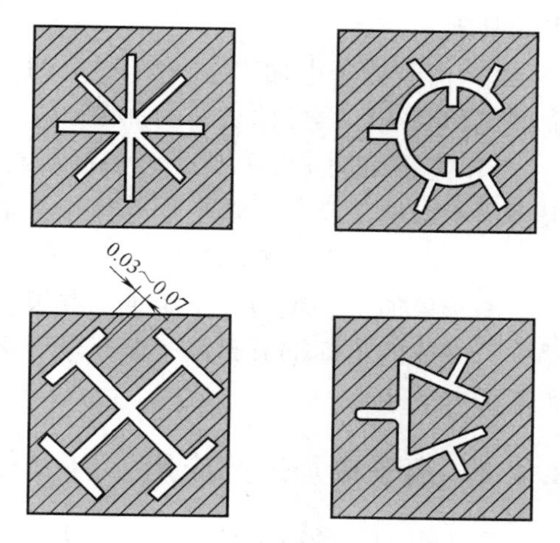

图 8-12 用电子束加工喷丝头异型孔

4. 蚀刻

在微电子器件生产中，为了制造多层固体组件，可利用电子束对陶瓷或半导体材料刻出许多微细沟槽和孔，如在硅片上刻出 2.5μm、深 0.25μm 的细槽；在混合电路电阻的金属镀层上刻出 40μm 宽的线条，同时加工过程中还能对电阻值进行测量校准，这些都可以用计算机自动控制完成。

5. 热处理

电子束热处理也是把电子束作为热源，适当控制电子束的能量密度，使金属表面加热而不熔化，达到热处理的目的。电子束热处理的加热速度和冷却速度都很高，在相变过程中，奥氏体化时间很短，只有几分之一秒，奥氏体晶粒来不及长大，从而能获得一种超细晶粒组织，可使工件获得用常规热处理达不到的硬度，硬化深度可达 0.3 ~0.8mm。

8.4 离子束加工

离子束加工是利用惰性气体或其他元素的离子在电场中被加速成高速离子束流，靠微观的机械撞击能量实现各种微细加工的一种新兴方法。离子束加工的加工分辨率在亚微米甚至毫微米级精度。

8.4.1 离子束加工的原理

离子束加工的原理与电子束加工基本类似，也是在真空条件下，将离子源产生的离子束经过加速聚焦，使之打到工件表面上，不同的是离子带正电荷，其质量比电子大数千、数万倍，如氩离子的质量是电子的 7.2 万倍，所以一旦离子加速到较高速度时，离子束比电子束具有更大的撞击动能，是靠微观的机械撞击能量来加工的，有别于电子束加工的靠动能转化为热能来加工。

离子束加工的物理基础是离子束射到材料表面时所发生的撞击效应、溅射效应和注入效应。具有一定动能的离子斜射到工件材料表面时，可以将表面的原子撞击出来，这就是离子的撞击效应和溅射效应。如果离子能量足够大并垂直工件表面撞击时，离子就会钻进工件表面，这就是离子的注入效应。

8.4.2 离子束加工的特点

1）由于离子束可以通过电子光学系统进行聚焦扫描，离子束轰击材料逐层去除原子，离子束流密度及离子能量可以精确控制，所以离子刻蚀可以达到毫微米级的加工精度，离子镀膜可以控制在亚微米级精度，离子注入的深度和浓度也可极精确地控制。因此，离子束加工是所有特种加工方法中最精密、最微细的加工方法，是当代毫微米加工（纳米加工）技术的基础。

2）由于离子束加工是在高真空中进行的，所以污染少，特别适用于易氧化的金属、合金材料和高纯度半导体材料的加工。

3）离子束加工是靠离子轰击材料表面的原子来实现的，它是一种微观作用，宏观压力很小，所以加工应力、热变形等极小，加工质量高，适合于各种材料和低刚度零件的加工。

4）离子束加工设备费用昂贵、成本高，加工效率低，因此应用范围受到一定限制。

离子束加工装置与电子束加工装置类似，也包括离子源、真空系统、控制系统和电源等部分，主要的不同部分是离子源系统。离子源有很多形式，常用的有考夫曼型离子源和双等离子管型离子源。

8.4.3 离子束加工的应用

离子束加工的应用范围日益扩大。

1. 刻蚀加工

当离子束轰击工件，入射离子的动量传递到工件表面的原子，传递能量超过了原子间的键合力时，原子就从工件表面被撞击溅射出来，达到刻蚀的目的。为了避免入射离子与工件材料发生化学反应，必须用惰性元素的离子，通常用氩离子进行轰击刻蚀。

1）加工陀螺仪空气轴承和动压马达上的沟槽，分辨率高，精度、重复一致性好。

2）刻蚀高精度的图形，如集成电路、声表面波器件、磁泡器件、光电器件和光集成器件等微电子学器件亚微米图形。

3）制作由波导、耦合器和调制器等小型光学元件组合制成的集成光路中的光栅和波导。

4）用离子束轰击的玻璃纤维可变为具有不同折射率的光导材料。

5）离子束加工还能使太阳能电池表面具有非反射纹理。

6）离子束刻蚀还用来致薄材料，用于致薄石英晶体振荡器、压电传感器和致薄探测器探头。

2. 镀膜加工

离子束镀膜加工有溅射沉积和离子镀两种。离子镀时工件不仅接受靶材溅射来的原子，还同时受到离子的轰击，这使离子镀具有附着力强、膜层不易脱落等独特的优点。离子镀技术已用于镀制润滑膜、耐热膜、耐蚀膜、耐磨膜、装饰膜和电气膜等。

1）在表壳或表带上镀氮化钛膜。这种氮化钛膜呈金黄色，反射率与18K金镀膜相近，其耐磨性和耐蚀性大大优于镀金膜和不锈钢，价格仅为黄金的1/60。

2）离子镀装饰膜还用于工艺美术品的首饰、景泰蓝等，以及金笔套、餐具等的修饰。

3）航空工业中可采用离子镀铝代替飞机部件镀镉。

4）用离子镀方法在切削工具表面镀氮化钛、碳化钛等超硬层，可以使刀具的寿命提高1~2倍。

霍尔离子源是可以在真空状态下对基片进行清洁、蚀刻或辅助镀膜的装置，如图8-13所示。

3. 离子注入加工

离子注入是向工件表面直接注入离子，它不受热力学限制，可以注入任何离子，且注入量可以精确控制，注入的离子固溶在工件材料中，含量可达10%～40%，注入深度可达1μm甚至更深。

图8-13　霍尔离子源

1）离子注入在半导体方面的应用，在国内外都很普遍，它是用硼、磷等"杂质"离子注入半导体，用以改变导电型式（P型或N型）和制造PN结，制造一些通常用热扩散难以获得的各种特殊要求的半导体器件。

2）利用离子注入可以改变金属表面的物理化学性能，可以制得新的合金，从而改善金属表面的耐蚀性、抗疲劳性能、润滑性和耐磨性等。

3）对石英玻璃进行离子注入，可增加折射率而形成光波导。

4）离子注入还用于改善磁泡材料性能、制造超导性材料，如在铌线表面注入锡，则表面生成具有超导性NkSn层的导线。

8.5　电解磨削

电解磨削是电解加工的一种特殊形式，是电解与机械的复合加工方法。它是靠金属的溶解（占95%～98%）和机械磨削（占2%～5%）的综合作用来实现加工的。

1. 加工原理

电解磨削的加工原理如图8-14所示。

加工过程中，磨轮（砂轮）不断旋转，磨轮上凸出的砂粒与工件接触，形成磨轮与工件间的电解间隙。电解液不断供给，磨轮在旋转中将工件表面由电化学反应生成的钝化膜除去，继续进行电化学反应，如此反复不断，直到加工完毕。电解磨削的阳极溶解机理与普通电解加工的阳极溶解机理是相同的，不同之处在于，电解磨削中，阳极钝化膜的去除是靠磨轮的机械加工去除的，电解液腐蚀力较弱；而一般电解加工中的阳极钝化膜的去除是靠高电

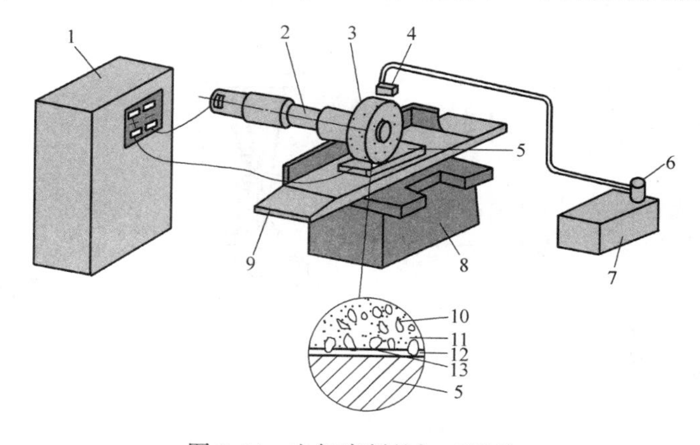

图8-14　电解磨削的加工原理

1—直流电源　2—绝缘主轴　3—磨轮　4—电解液喷嘴　5—工件　6—电解液泵　7—电解液箱
8—机床本体　9—工作台　10—磨料　11—结合剂　12—电解间隙　13—电解液

流密度去破坏（不断溶解）或靠活性离子（如氯离子）进行活化，再由高速流动的电解液冲刷带走的。

2. 特点与应用

1）磨削力小，生产率高。这是由于电解磨削具有电解加工和机械磨削加工的优点。

2）加工精度高，表面加工质量好。电解磨削加工中，一方面工件尺寸或形状是靠磨轮刮除钝化膜得到的，故能获得比电解加工好的加工精度；另一方面，材料的去除主要靠电解加工，加工中产生的磨削力较小，不会产生磨削毛刺、裂纹等现象，加工工件的表面质量好。

3）设备投资较高。其原因是电解磨削机床需加电解液过滤装置、抽风装置、防腐处理设备等。

电解磨削广泛应用于平面磨削、成形磨削和内外圆磨削。

8.6 超声加工

超声加工（Ultra Sonic Machining，简称 USM）又称为超声波加工，是利用超声波作为动力，带动工具做超声振动，通过工具与工件之间加入的磨料悬浮液（工作液与磨料的混合液）冲击工件表面而进行加工的一种成形加工方法。

8.6.1 超声加工的基本原理

超声波是指频率超过人耳频率上限的一种振动波，通常频率在 16kHz 以上的振动声波就属于超声波。其特点是频率高、波长短、能量大，传播过程中有显著的反射、折射、共振、损耗等现象。

超声加工的原理和设备如图 8-15 所示。

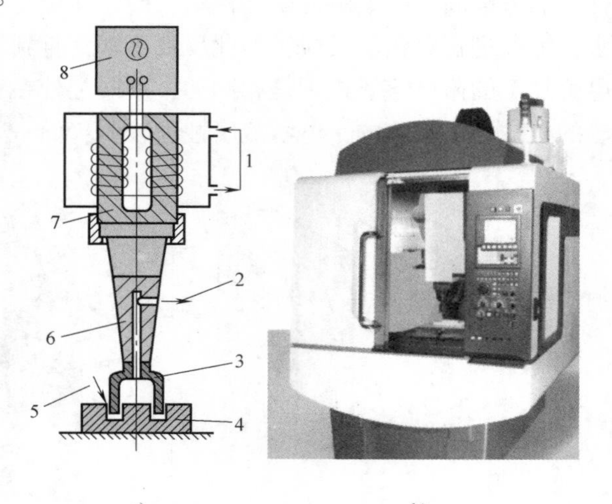

图 8-15 超声加工的原理和设备

a）加工原理 b）加工设备

1—冷却水出入口 2—磨料悬浮液出口 3—工具头 4—工件 5—磨料悬浮液喷入 6—变幅杆 7—换能器 8—高频发生器

在超声加工中会形成空化作用。空化作用是指当工具头端面以很大的加速度离开工件表面时，加工间隙内形成负压和局部真空，在工作液内形成很高的微空腔。当工具端以很大的加速度接近工件表面时，空泡闭合而引起极强的液压冲击波，可以强化加工过程。

一般超声加工装置的基本组成都包括超声发生器、超声振动系统、机床本体和磨料工作液循环系统等。

8.6.2 超声加工的特点

1）适合于加工各种硬脆材料，特别是某些不导电的非金属材料，例玻璃、陶瓷、石英、硅、玛瑙、宝石、金刚石等，也可以加工淬火钢和硬质合金等材料，但效率相对较低。

2）工具材料硬度很高，故易于制造形状复杂的型孔。

3）加工时宏观切削力很小，不会引起变形、烧伤。表面粗糙度值 *Ra* 很小，可达 0.2μm，加工精度可达 0.05～0.02mm，而且可以加工薄壁、窄缝、低刚度的零件。

4）加工机床结构和工具均较简单，操作维修方便。

5）生产率比电火花和电解加工等低，但加工精度和表面质量都比它们好，而且材料的加工范围广，因此应用也比较广泛，常常作为电火花等加工后的抛光和光整加工。

8.6.3 超声加工的应用

1. 超声加工

超声加工的几种应用如图 8-16 所示。

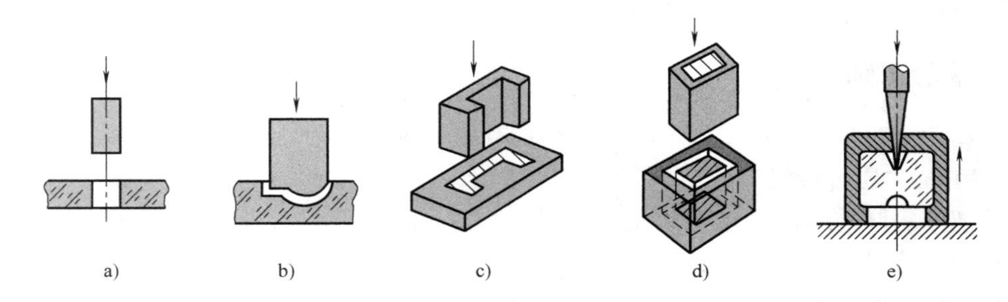

图 8-16 超声加工的应用

a）加工圆柱孔 b）加工型腔 c）加工异形孔 d）加工套料 e）加工微细孔

2. 超声切割加工

超声切割加工单晶硅片示意图如图 8-17 所示。

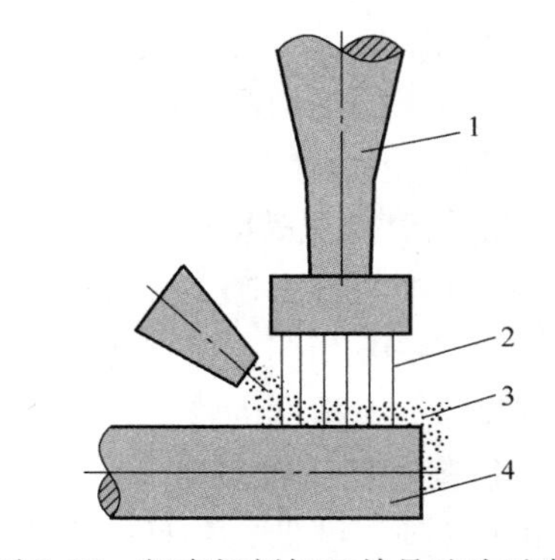

图 8-17 超声切割加工单晶硅片示意图

1—变幅杆 2—薄钢片刀具 3—磨料液 4—单晶硅工件

3. 超声复合加工

超声加工与其他加工方法相结合而进行的复合加工方法发展迅速，如超声电解加工、超声电火花加工、超声调制激光打孔、超声振动切削加工等。它们使加工精度、表面质量和生产率都得到了综合提高。例如，电解加工与超声磨削相结合的复合加工，其加工速率比单独用超声加工快 8 倍之多；超声振动孔加工的生产率比普通钻削高 2～3 倍。

另外，超声加工还可用于清洗、焊接和探伤。

8.7 振动切削

振动切削是在普通切削加工的基础上，人为地给刀具或工件施加一个有规律的振动，改变刀具和工件之间的瞬时运动关系，使切削过程在动态下进行的一种复合加工方法。

8.7.1　振动切削的原理

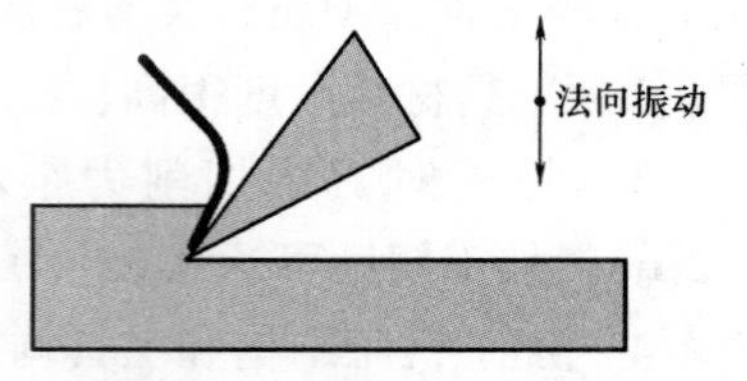

图 8-18　振动切削的原理

振动切削加工是在刀具或工件上附加一定可控的振动，使加工过程变为间断、瞬间、往复的微观断续切削过程。

振动切削的原理如图 8-18 所示。

振动切削理论是在切削过程中加入了超声振动。由工业金刚石颗粒制成的铣刀、钻头或砂轮，在加工过程中对零件表面进行 20000 次的连续敲击，即使是高硬材料，在如此高频的振动敲击下，一个很小的切削力也可将其瓦解。由于振动切削机床的进给力很大，因此在振幅的最高点，附在刀具上的金刚石颗粒以撞击方式将零件表面材料以微小颗粒形式分离出来，效率要比传统方式提高 5 倍。

振动切削的应用解决了我国飞机起落架、涡轮盘、薄壁件等国防关键制造难题，降低了废品率，取得了上千万元的经济效益。

8.7.2　振动切削效果

因振动切削机理与普通切削不同，使其具有如下效果。

1. 切削抗力显著降低

振动切削的脉冲切削力被有效地用以冲击破坏形式，形成切屑，但其平均力幅值却很低。振动切削的平均切削抗力较普通切削低许多。另外，沿被加工表面法向的背向力也可以减小到普通切削的 1/10～1/5。研究结果还表明，振动切削中振动频率越高、振幅越大，则切削力越小。

2. 加工精度明显提高

振动切削时刀尖位置是随时变化的，但切削刃与工件接触瞬间刀尖的位置却总是一定的。另外由于振动切削力小，使工艺系统受力变形小，因而工件位置相对刀尖变化极小，加工精度提高，大量生产时加工精度的分散范围也大为缩小。

3. 切削温度显著降低

振动切削中没有产生大量热的直流力成分，且切削热以脉冲波形式起作用，故平均切削温度几乎与室温相同，切屑完全没有氧化变色，赤手去摸也不会灼伤，能有效防止因工件热变形引起的加工精度的降低。

4. 切削过程比较顺利

由于切削温度低，并且是在振动状态下进行切削，使振动切削过程中不容易生成积屑瘤。另外，振动切削还使排屑顺利、切削液的作用效果提高，刀具不易变钝，所有这些使振动切削的切削过程变得更加顺利。

5. 加工表面质量可以得到改善

振动切削获得的表面粗糙度值几乎接近几何计算的表面粗糙度值 Ra，大大低于普通切削，而且表面纹理非常规则，可形成普通切削不能比拟的手感光滑的加工表面。

由于振动切削只是在切削刃附近产生很少量的加工变形，故加工变质层很浅，表面组织变化很少，表面残余应力很小，且可呈压应力状态。振动切削可获得优异的加工质量，工件耐蚀性、耐磨性均得到提高，可与磨削表面相当。

8.7.3 振动切削及深孔加工技术

振动切削是在切削过程中人为地使刀具或工件产生有规律的振动，边振动边切削。只要振动参数与切削用量匹配适当，不论加工何种材料均能可靠断屑，从而提高质量和效率。把断屑效果最好的振动切削技术和各种深孔加工方法结合起来，可形成更加完善的振动切削加工技术。在加工过程中可根据加工需要改变振动频率和振幅，达到更好的切削效果。

例如，利用振动切削深孔钻床顺利地解决了长径比 $L/D>100$ 的超长小深孔（深6.35～1200mm）以及 $L/D>50$ 以上的油缸深孔钻削问题。用枪钻一次振动钻孔公差等级可达IT7～IT9，表面粗糙度值可达 Ra 0.4～1.25μm。比普通钻孔提高1～2级，可替代传统的钻、扩、铰工艺，加工效率比现行工艺提高5～10倍，采用小直径振动DF切削系统，最小加工直径可达到国际先进水平。目前，已把振动切削技术应用于车床、立式钻床和不同类型的深孔钻床上，先后开发了振动切削枪钻、BTA、喷吸钻及DF系统，可提供振动钻削、振动车削等相关技术及装备。

振动切削作为传统加工方法的一项替代技术，可广泛适用于深孔、浅孔及小孔加工领域，具有广阔的应用前景，在锅炉、化工、水电、核电装备等热交换器蒸发管板，汽车、造纸、纺织、动力、石油仪器仪表、液压气动元件、电子器件以及军工产品等孔加工上均可普遍推广应用。

8.8 高速加工

8.8.1 高速切削

1. 内涵

高速切削（High Speed Cutting，简称HSC）主要用于车削与铣削。高速切削与普通切削的区别如下。

（1）主轴的转速高　通常情况下，高速切削时主轴转速要比普通切削时高5～10倍。如果切削力维持普通切削时的水平，则提高主轴转速就能提高材料的切除效率，达到减少切削时间的目的。

（2）进给速度高　高速切削时，为了保持刀具进给量基本不变，随着主轴转速的提高，进给速度也必须大幅度地提高。目前，高速切削进给速度已高达120m/min。

（3）工艺流程和工件质量　在模具制造业中，采用高速切削后可以提高进给速度，从而减少工时，降低制造费用。如果保持切削时间不变，减少进给量，就可以降低表面粗糙度值，省去或减少原来手工清除切屑后残留的表面沟纹的加工量。

加工孔时，通常要对每一个孔径配置相应的刀具。当孔的种类很多时，就需大的刀库容量，增加了机床和刀具的购置费用。采用高速切削可以使刀具的种类大大减少，因为对较大的孔可以用小直径的刀具通过内圆数控插补铣削的方式进行加工，仍能保持较高的孔加工效率，并相应减少购置费用。

在不同行业中，采用高速切削的侧重面虽有不同，但概括来讲主要包括以下几个方面。

1）提高进给速度，从而提高生产率，缩短生产周期。

2）提高切削速度和进给速度以减少进给量，改善工件的形状精度和表面质量。

3）减少切削时间，降低机床需求，简化工艺流程，从而达到降低生产成本的目的。

2. 高速切削的应用与发展

高速切削最早在飞机制造业和模具制造业受到很大的重视。为使飞机的零部件满足很高的可靠性要求，大部分重要零件都是在整块铝合金坯件上铣削而成的，既可减少焊缝又可提高零件的强度和抗振性。但常规铣削效率很低，从而造成了较高的生产成本和较长的交货时间。高速切削是解决这方面问题的最好方法。

在汽车工业中，模具制造是产品更新换代的关键。新车型定型后，模具制造周期的长短直接影响产品的上市时间，也关系到市场竞争的成败。所以在20世纪80年代，美国、欧洲和日本的政府都有意推动高速切削在模具制造中的应用研究。20世纪90年代初，高速切削已进入工业化应用。

图8-19所示为高速切削在生产应用中的发展历程。从图中可看到，要成功地进行高速切削，还必须充分了解工件材料的特性并选择与此相适应的刀具材料，对不同的工件材料必须选用合理的切削用量。

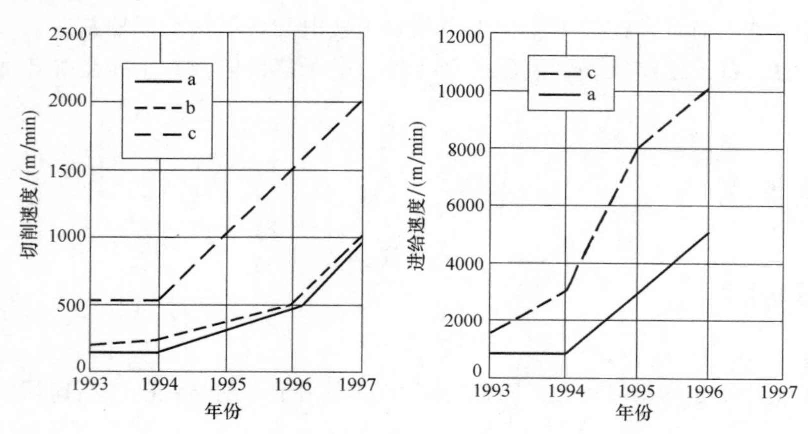

图8-19　高速切削在生产应用中的发展历程

a—用硬质合金切削钢　b—用硬质合金切削铸铁　c—用立方氮化硼（CBN）切削铸铁

图8-20是宝马公司在推广高速切削过程中取得的技术进步。在经历了近三年的实践探索后，工件表面粗糙度值比采用高速切削前降低了四倍，工件的尺寸公差减到了原来的1/3。

高速切削是一个复杂的技术，除需高速主轴运动外，还有许多因素直接影响高速切削的功效。高速切削最终能达到表面粗糙度的极限值目前虽尚无定论，但试验结果证实，在某些应用场合，高速铣削的表面质量可与磨削媲美。假如用高速切削替代部分磨削能在生产中实现，其经济性将很可观。因为这样不但在购置机床时省去了磨床的费用，而且可以在生产中提高铣床的使用率，简化工艺流程带来的效益才是高速切削的真正潜力。

8.8.2　高速磨削

1. 概念

高速磨削（High Speed Grinding，简称HSG）是用很高的切削速度和进给速度进行磨削加

工的方法。高速磨削速度的定义在不断地变化，20世纪60年代以前，磨削速度在50m/s时即被称为高速磨削，到20世纪90年代，磨削速度最高已达500m/s。在实际应用中，磨削速度在100m/s以上即被称为高速磨削。

当前生产实践中，高速磨削的切削速度一般在100～200 m/s。制约磨削速度提高的因素有以下几种。

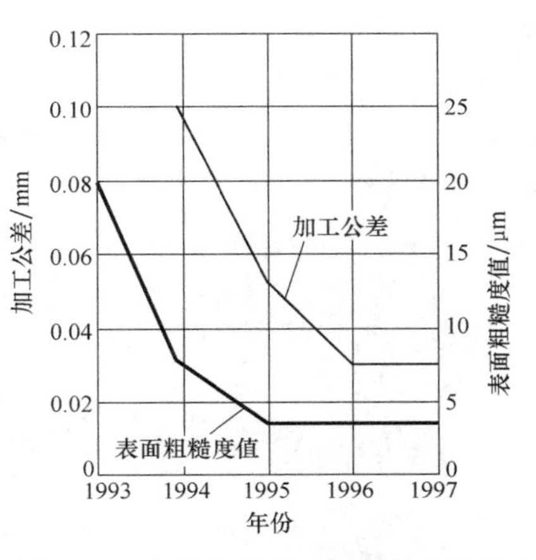

图8-20　宝马公司高速切削技术进步

（1）主轴的驱动功率　经测算当主轴转速提高时，可用于切除材料的有功功率相应减少。有功功率太小时，加工效率势必下降，也就丧失了高速磨削的优势。

（2）砂轮的磨损　高速磨削加剧了磨削热量的产生，从而增加了砂轮的磨损。当砂轮使用寿命太短时，就须频繁更换砂轮，使辅助时间和砂轮使用费用增加，无法达到降低生产成本的目的。

（3）平衡设备　提高主轴转速，必须要有相应的平衡设备，对砂轮和主轴进行实时在线平衡或在磨削过程中进行连续平衡，以便把由动不平衡所引起的振动降低到最低水平。

（4）润滑冷却　高速磨削时，发热量剧增，如无高效的润滑系统，就会加速砂轮磨损或造成工件烧伤。

2. 高速磨削的特点

（1）提高表面质量和加工精度　在材料切除率不变的条件下，提高切削速度可降低单一磨粒的切削深度，从而减小磨削力，降低工件表面粗糙度值，且在加工刚性较低的工件时易保证加工精度。

（2）提高生产率　假如高速磨削时仍维持原有的切削力，则可提高进给速度，降低加工时间，提高生产率。

（3）简化工艺流程　以往磨削仅适用于精加工，加工精度虽高但加工余量很小。磨削前须有许多粗加工工序，须配有不同类型的机床，构成一个冗长的工艺链。当前高速磨削的材料切除率可与车削、铣削相比，磨削既可精加工又可粗加工，这样可大大减少机床种类，简化工艺流程。

（4）降低成本和提高质量　尤其对于某些以磨削为最终工序的产品而言，高速磨削可以大幅度地降低生产成本，提高产品质量。

8.9　水切割加工

在常人眼中，液体的水无固定形状，犹如“柔情似水”——是温柔的象征。然而，科学研究发现，高压水流在撞击物体表面最初的百万分之几秒时，其瞬时压力非常大，可以用来清洗、挖泥、采矿，也可以用来切削钢板、冲孔、粉碎材料，甚至做外科手术等。

8.9.1　水切割的原理与分类

1. 基本原理

采用增压系统，将水的压力提高并使这种高压水经直径为0.2～0.3mm的宝石喷嘴喷射而出，形成高速的水射流，而且其流速随着水的压力升高而加快（最高可达700～1000m/s，是音速的2～3倍），此时的水射流具有很大的动能，如果再在水中加入细砂以提高运动物体的质量，则可以数倍地提高射流的冲击动能，因此水射流能像利剑一样锋利，可以用来高效地切割各种类型的材料。水切割原理如图8-21所示。

图8-21　水切割原理

“水滴石穿”需要漫长的岁月，超高压水切割技术能将这一漫长的过程浓缩为一瞬间。

2. 分类

水切割加工根据增压系统压力的高低可以分为高压型和低压型，一般100MPa以上为高压型，100MPa以下为低压型，200MPa以上为超高压型；按照水中是否加砂可以分为无砂切割和加砂切割两种方式；按水切割设备的大小可以分为大型水切割和小型水切割。

3. 特点

水切割与其他切割方法相比具有诸多优势。

（1）水切割与激光切割比较　激光切割设备的投资较大，大多用于薄钢板、部分非金属材料的切割，切割速度较快，精度较高，但激光切割时在切缝处会引起弧痕并引起热效应。另外对有些材料，激光切割不理想，如铝、铜等非铁金属材料及其合金，尤其是对较厚金属板材的切割，切割表面不理想，甚至无法切割。人们研究大功率激光发生器，就是力图解决厚钢板的切割问题，但设备投资、维护保养和运行消耗等成本很高。水切割投资小，运行成本低，切割材料范围广、效率高，操作维修方便。

（2）水切割与等离子切割比较　等离子切割有明显的热效应，精度低，切割表面不容易再进行二次加工。水切割属于冷态切割，无热变形，切割表面质量好，无需二次加工，如需二次加工也很容易进行。

（3）水切割与线切割比较　对金属的加工，线切割有更高的精度，但速度很慢，有时需要用其他方法另外穿孔、穿丝才能进行切割，而且切割尺寸有很大的局限性。水切割可以对任何材料打孔、切割，切割速度快，加工尺寸可选余地大。

（4）水切割与冲剪工艺方法比较　对一些金属零件，可采取冲剪工艺方法，效率高、速度快，但需要特定的模具和刀具。水切割与该切割方法相比柔性好，可随时进行任意形状工件的切割加工，尤其在材料厚、硬度高等情况下，冲剪工艺将很难或无法实现，而用水切割方法则较为理想。

（5）水切割与火焰切割方法比较　火焰切割的厚度范围非常大，但与水切割相比其热效应明显，切割表面质量和精度较差。水切割能很好地解决一些熔点高、合金、复合材料等特殊材料的切割加工，如玻璃、石材、陶瓷等的加工。

8.9.2　水刀

为了提高水的切割能力，在水射流中加入细砂，让细砂随水流一道加速而形成加砂射流并产生大于水射流几倍的功能，这种加砂射流被称为“水刀”。水刀技术最早起源于美国，用于航空航天军事工业，以其冷切割不会改变材料的物理化学性质而备受青睐。如果在高压水中混入石榴砂，则可以极大地提高水刀的切割速度和切割厚度。图 8-22 所示为超高压水刀。

传统水刀设备体积庞大，质量大，无法实现快速移动。为适应不同的环境需求，开发出了便携式水刀，如图 8-23 所示。

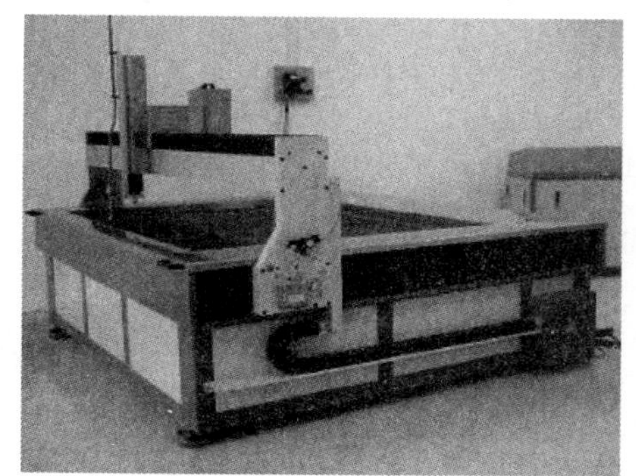

图 8-22　超高压水刀

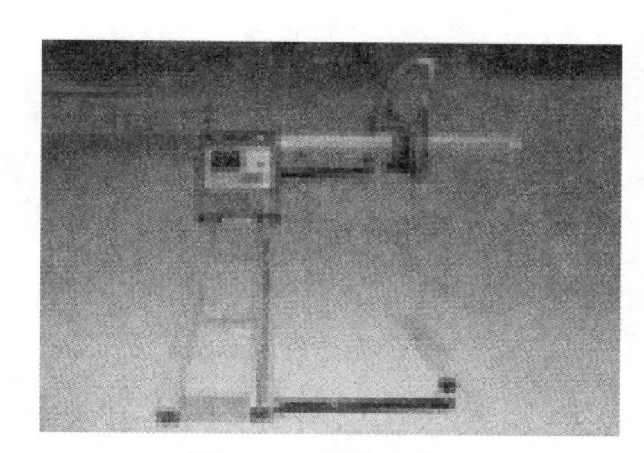

图 8-23　便携式水刀

8.9.3　应用范围

在金属切割领域中的典型应用：装饰、装潢中的不锈钢等金属切割加工；机器设备外罩壳的制造；金属零件切割等。

在玻璃切割领域典型应用：家电玻璃、灯具、卫浴产品、汽车玻璃等的切割。

陶瓷、石材等建筑材料加工领域的应用，如中国的陶瓷、石材艺术拼图等的制作。

复合材料、防弹材料等特殊材料的一次成形切割加工。

软性材料的清水切割应用，如汽车内饰件、泡沫海绵、纸切割等。

低熔点及易燃、易爆材料的切割，如炸药、炮弹的拆除等。

超高压水清洗，如石油化工、电力、航空航天、船舶、汽车制造业、市政工程等行业的应用。

思考与练习题

8-1　数控线切割加工有哪些特点？

8-2　电火花成形加工有什么特点？应用范围有哪些？

8-3　为什么数控线切割加工在模具制造中得到了广泛应用？

8-4　数控电火花线切割机床的编程主要有哪几种格式？

8-5　简述激光加工的原理、特点和应用。

8-6　简述电子束、离子束加工的原理、特点和应用。

8-7　简述超声波加工的原理、特点和应用。

8-8　简述振动切削加工的原理、特点和应用。

8-9　何谓高速加工？有什么特点？

8-10　上网查询水切割加工应用案例。

第 9 章
未来制造技术展望

学习目标

了解微米、纳米、生物及低碳技术的概念；侧重对其技术的意义理解；知悉其性质、特点与应用。

专家预测，社会发展趋势将相继是纳米时代和生物时代，以分子、原子等为对象的纳米制造和以基因技术为核心的生物技术闪亮登场，制造的主要对象将扩大到基因资源和微观领域的各种资源。预言称：将用纳米科技“营造自然界尚不存在的新的物质体系”，将用基因技术“重塑世界”。

9.1 微米技术

9.1.1 概述

微米技术是指在微米级（0.1～100μm）的材料、设计、制造、测量、控制和应用技术。目前，微米技术的研究与应用涉及以下几方面。

1. 微小尺度的设计理论

研究微型系统的设计需要形成一整套新的设计理论与方法，例如微动力学、微流体力学、微热力学、微机械学、微光学等，以便解决微型系统设计中的尺寸效应、表面效应、误差效应及材料性能等的影响。

2. 微细加工技术

微细加工技术包含超精机械加工、IC 工艺、化学腐蚀、能量束加工等诸多方法。在微细加工甚至纳米加工领域，较为成熟的技术是 IC 工艺硅加工技术、离子束加工、分子束加工、激光束加工以及电化学加工、精密电火花加工等。

3. 精密测试技术

精密测试技术是具有微米及亚微米测量精度的几何量与表面形貌测量技术。目前精密测试技术的一个重要研究对象是微结构的力学性能，如谐振频率、弹性模量、残余应力的测试和微结构的表面形貌及内部结构，如微体缺陷、微裂缝、微沉积物的测试等。

4. 微系统技术

国内外在微系统设计、加工、测量的研究基础上，开展了微型传感、微执行机构、微电子信号处理等方面的研究工作，已制作出微型力传感器、微型泵和微型电动机等。

9.1.2 微型机械

1. 概念与分类

微型机械（Micro Electro Mechanical Systems，简称 MEMS）是指可以批量制作的，集微型机构、微型传感器、微型执行器以及信号处理和控制电路，甚至外围接口、通信电路和电源等于一体的微型电子机械系统。实际上也是指微小尺寸范围的装置和系统的设计、研究和制造，以及它们与宏观世界的连接（界面）和集成。MEMS 产品具有尺寸小、精度高、响应速度快和成本低的优势。

按照特征尺寸可以将微小的机械划分为 1 ~ 10mm 的小型机械、1μm ~ 1mm 的微型机械以及 1nm ~ 1μm 的纳米机械。

1959 年，Richard P. Feynman（1965 年诺贝尔物理奖获得者）就提出了微型机械的设想，1962 年第一个硅微型压力传感器问世，后又成功地加工出了微型机械机构，如齿轮、齿轮泵、气动涡轮及连接件，其尺寸为 50 ~ 500μm。1987 年，美国加州大学伯克利分校研制出转子直径仅为 60 ~ 120μm 的硅微型静电电动机，显示出利用硅加工工艺在硅基片上制作微小可动结构，以及与集成电路兼容加工微小系统的潜力。

MEMS 已经成为一个具有交叉学科性质的前沿研究领域，涉及电子工程、材料工程、机械工程、信息工程、物理学、化学、光学、医学以及生物技术等多种工程技术和科学，其研究开发内容包括基础理论、设计、材料、制作工艺、微型传感和执行元件、测试技术、微操作与控制技术、宏/微接口和通信技术、能源供给、系统集成以及应用等许多方面。

MEMS 系统主要包括微型传感器、致动器和相应的处理单元三部分。作为输入信号的自然界的各种信息，首先通过传感器转换成电信号，经过信号处理后（包括模拟/数字信号间的变换）再通过微致动器对外部世界发生作用。传感器可以实现能量的转化，从而将加速度及热等信号转换为系统可以处理的电信号。致动器则是根据信号、控制电路发出的指令自动完成人们所需要的各种功能。信号处理部分可以根据控制电路进行信号转换、放大和计算等处理。这一系统还能够以光、电、磁等形式与外界进行通信，并输出信号以供显示，或与其他系统协同工作，构成一个更完整的系统。

2. 微细加工及其关键技术

要想加工出精密的微机电器件，必须具备相应的微细加工技术，目前常用的有以下几种方法。

（1）光刻术（Photolithography） 用光刻术加工时，首先在基质材料上涂覆光致抗蚀剂（光刻胶），然后利用极限分辨率极高的能量束来通过掩膜对光致蚀层进行曝光（或称光刻），显影后在抗蚀剂层上获得与掩膜图形相同的极微细的几何图形，再结合其他方法，便可在工件材料上制造出微型结构。目前采用的曝光技术有电子束曝光技术、离子束曝光技术、X 射线曝光技术和紫外准分子曝光技术。

（2）蚀刻技术 蚀刻通常分为等向蚀刻和异向蚀刻。等向蚀刻可以制造任意横向几何形状的微型结构，高度一般为几微米，仅限于制造平面形结构；异向蚀刻则可以制造较大纵深比的三维空间结构，其深度可达几百微米。

（3）LIGA 技术 LIGA 是由德文 Lithographie（光刻）、Galvanoformung（电铸成形）和

Abforming（注塑）这三个词生成的缩写词。由于LIGA技术所加工的几何结构不受材料特性和结晶方向的限制，可以制造由各种金属材料、塑料制成的微型机械，因此相比硅材料的加工技术有了很大的飞跃。LIGA技术可以制造具有很大纵横比的三维结构，纵向尺寸可达数百微米，最小横向尺寸为1μm，尺寸精度可达亚微米级，而且有很高的垂直度、平行度和重复精度。

（4）牺牲层技术　也称分离层技术，是在硅基板上，用化学气相沉积方法形成微型部件，在部件周围的空隙上添入分离层材料，最后以溶解或刻蚀法去除分离层，使微型部件与基板分离，也可以制造与基板略微连接的微型机械。

（5）外延技术　其特点是生长的外延层能保持与衬底相同的晶向，因而在外延层上可以进行各种横向与纵向的掺杂分布与腐蚀加工，以制得各种微型结构。

（6）特种微细加工技术　分微细电火花加工、微细电解加工、微细超声加工。

1）微细电火花加工。其原理与普通电火花加工并无本质区别。实现微细电火花加工的关键在于微小轴（工具电极）的制作、微小能量放电电源、工具电极的微量伺服进给、加工状态检测、系统控制及加工工艺方法等。目前，应用微细电火花加工技术已可加工出直径为2.5μm的微细轴和5μm的微细孔，可制作出长0.5mm、宽0.2mm、深0.2mm的微型汽车模具，并用其制作出了微型汽车模型；可制作出直径为0.3mm、模数为0.1mm的微型齿轮。

2）微细电解加工。是一种利用金属阳极电化学溶解原理来去除材料的制造技术，材料去除是以离子溶解的形式进行的。这种微去除技术使得电解加工具有微细加工的特点。例如，通过降低加工电压和电解液浓度，成功地将加工间隙控制在10μm以下；采用微动进给和金属微管电极，在0.2mm的镍板上加工出了0.17mm的小孔。

3）微细超声加工。利用超声做细加工技术，用工件加振的工作方式在工程陶瓷材料上可以加工出直径最小为5μm的微孔。

3. MEMS的应用领域

MEMS在工业、国防、航海、生物医学、精密仪器、农业和家庭服务等领域，特别是空间狭小、操作精度高、功能高度集成的航空航天机载设备领域有巨大的应用潜力，被认为是一项面向21世纪、可以广泛应用的新兴技术。微系统的应用主要可以分为以下四个方面。

（1）微型构件　通过微细加工技术加工出的三维微型构件有微齿轮、微电动机、微涡轮、微光学器件、微轴承、微弹簧等。它们都是微系统的基础机械部件。随着微机械的设计和加工水平的不断提高，可以制造出越来越精细的微型构件。

（2）微传感器　微传感器是最广泛使用的MEMS器件。传感器是一种将能量从一种形式转变成为另一种形式、并针对特定可测量的输入为用户提供一种可用的能量输出的器件。传感器的主要类型有声波传感器、生物医学传感器和生物传感器、化学传感器、光学传感器、压力传感器、热传感器等。

（3）微致动器　微致动器要求在动力源的驱动下能够完成所需要的动作。常用的微致动器有微阀、微泵、微开关、微谐振器等。微系统驱动常用的驱动方式有热力驱动、形状记忆合金驱动、压电晶体驱动以及静电力驱动等。

（4）微型器件及系统　应用较多的微型器件有医疗及外科手术设备，如人造器官、体内施药及取样微型泵等；微型机器人；航空航天领域中的微型导航系统、微型卫星、微型飞机，以及微光学系统、微流量测量控制系统、微气相色谱仪、生物芯片、仿生器件等。

应用举例

微型机器人如图 9-1 所示。

日本丰田公司造了一辆只有 62mg，米粒大小的微型汽车。

德国物理学家埃费尔德研制了一架直升机，重量不到半克，能升到 130mm 的空中。

美国波士顿大学的化学家 T. Ross Kelly 制备出了世界上最小的分子马达，该分子马达由 78 个原子构成。

2015 年 11 月，由全普光电科技（上海）有限公司研发出世界上首款 MEMS 微激光投影手机，它将 MEMS 微激光投影的技术优势与安卓系统完美地结合起来，整机尺寸仅有 130mm × 62mm × 11. 5mm。有了它，一堵白墙就可以成为银幕，一部手机就可承载个人的私人影院，并为视频播放提供极大方便。

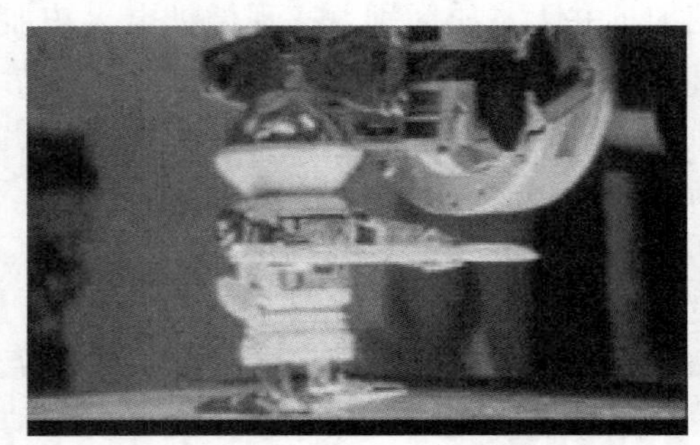
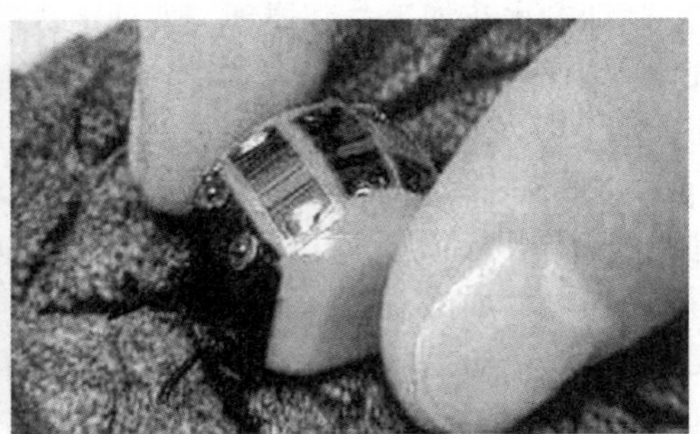

图 9-1　微型机器人

9. 2　纳米技术

9. 2. 1　概述

1. 纳米

纳米（nanometer）实际上是长度单位，nano 是十亿分之一的意思，1 纳米是 1 米的十亿分之一，记作 1nm。纳米可以度量微观世界，1nm 相当于 10 个氢原子一个挨一个排成一列；20nm 相当于 1 根头发丝的 1/3000。

2. 纳米技术概念的提出

1959 年 12 月，美国著名的物理学家、诺贝尔奖获得者理查德 · 费曼（Richard Feynman）在美国物理学会年会上发表了一篇题为《在末端处有足够的空间》的讲演，被公认为是纳米技术思想的来源。他认为：能够用宏观的机器来制造比其体积小的机器，而这较小的机器又可制作更小的机器，这样一步步达到分子线度。费曼幻想在原子和分子水平上操纵和控制物质，物理学的规律不排除一个原子一个原子地制造物质的可能性。他表示：“我深信不疑，当人们能操纵细微物质的时候，将可获得极其丰富的新的物质的性质。”费曼对纳米技术的最早梦想，成为一个光辉的起点，使人类开始了对纳米世界的探求。

3. 纳米科学

纳米科学（nano-science）是研究纳米尺度范围内的物质所具有的特异现象和特异功能

的科学。纳米科学技术主要包括纳米材料、纳米电子学、光电子学和磁学、纳米医学等。

4. 纳米技术的概念

纳米技术（nano-technology）是指用数千个分子或原子制造新型材料或微型器件的科学技术。它以现代科学技术为基础，是现代科学和现代技术结合的产物。纳米技术的诞生是在20世纪80年代，随着新型显微镜（STM）的出现，人们能看清1nm大小的物质，于是才真正出现了纳米技术即毫微米技术。

科学家发现，在纳米的世界里，物质发生了质的飞跃。比如硅晶体是不发光的，但纳米硅却会发光；陶瓷在通常情况下是很硬、很脆的，如果采用纳米粉体制成纳米陶瓷，它也可以具有韧性；纳米材料还具有超塑性，室温下的纳米铜丝经过轧制，其长度可以从1cm延伸到100cm，其厚度可以从1mm减小到0.01mm。

由于纳米技术将开发物质潜在的信息和结构潜力，使单位体积物质储存、处理信息和运动控制的能力实现又一次飞跃，所以很多专家预测纳米技术会像历史上的产业革命、抗生素、核能以及微电子技术的出现一样产生巨大的社会影响。

人物链接

1965年，理查德·费曼和朱利安·薛温格、朝永振一郎共同获得了诺贝尔物理奖。他的主要贡献在于对量子电动力学的理解。该学科研究光和带电粒子之间的相互作用，特别是光和电子之间的相互作用，同时他在弱核反应和超导研究方面也做出了巨大的贡献。因此，很多物理学家把理查德·费曼称为“新的”物理学之父，而爱因斯坦是“早先的”物理学之父。

9.2.2 显微技术

显微技术是把原子一个接一个按各种稳定的模式组装起来，从一个小零件直到整体结构的一种技术。

1. 势垒和隧道效应

在两块导电物体之间夹一层绝缘体，若在两个导体之间加上一定的电压，通常是不会有电流从一个导体穿过绝缘层流向另一导体的，即两个导体之间存在着势垒，像隔着一座山一样。假如这层势垒的厚度很薄，只有几个纳米，由于电子在空间的运动呈现波动性，根据量子力学的计算，电子将穿过而不是越过这层势垒，从而形成电流，如同在山腰部打通了一条隧道而火车通过隧道那样，这种现象称为隧道效应，如图9-2所示。

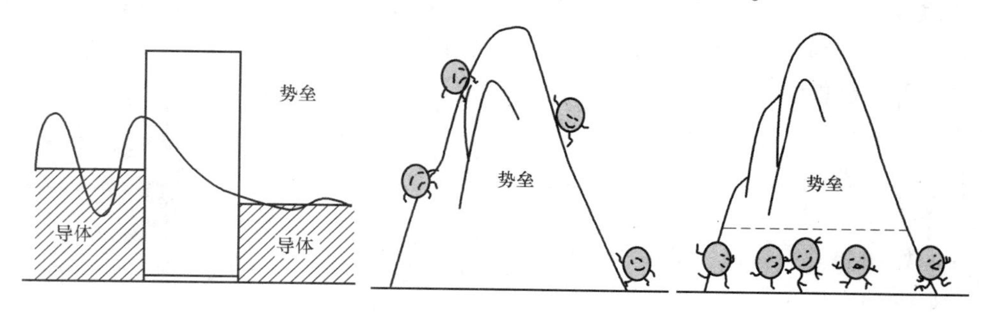

图9-2 势垒和隧道效应

1981 年，在美国 IBM 公司在瑞士苏黎世的实验室里，物理学家葛·宾尼希（G. Binnig）和海·罗雷尔（H. Rohrer）发明了新式显微镜，称为“扫描隧道显微镜（Scanning Tunneling Microscope）”，简称 STM。由于 STM 的出现，才使人类第一次能够实时地观察单个原子物质表面的排列状态和与表面电子行为有关的物理、化学性质，被国际公认为 20 世纪 80 年代世界十大科技成就之一。因此，两人共同获得 1986 年诺贝尔物理奖。

2. STM 的原理

STM 的工作原理如图 9-3 所示。

将探针和样品表面作为两个电极，当其间距离足够小时，在电场的作用下，电子会穿过电极间的绝缘层，形成“隧道电流”隧道效应。STM 工作时就是利用探针扫描样品表面，通过隧道电流获取图像。

探针表面和样品表面电子云重叠，由于隧道效应逸出电子，探针与样品间加电压形成隧道电流。

由于隧道电流对表面间距异常敏感，因此通过探测物质表面的隧道电流就可以分辨其表面特征。

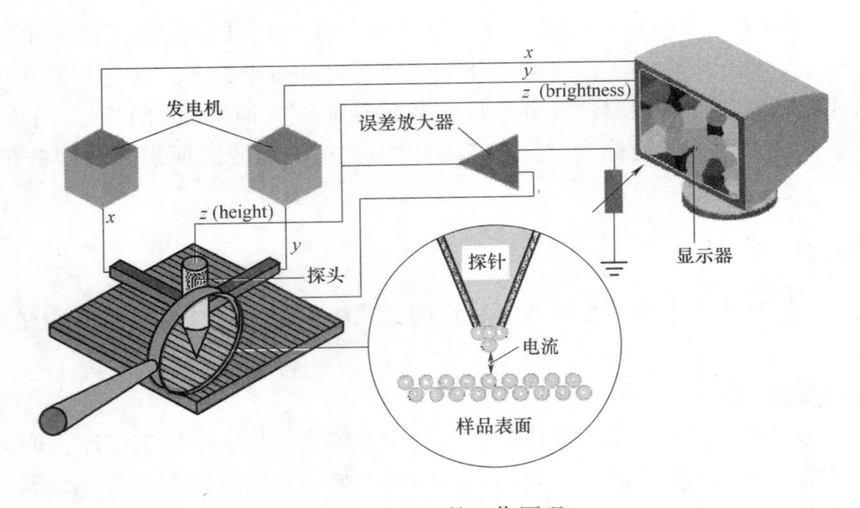

图 9-3　STM 的工作原理

3. STM 的结构与特点

STM 主要由 STM 主体、电子反馈系统、计算机控制系统及高分辨图像显示终端组成。其核心部件是探头，电子反馈系统用于产生隧道电流并维持隧道电流的恒定，控制探针在样品表面进行扫描；计算机系统控制全部系统的运转，收集和存储所获得的图像，并对原始图像进行处理，最后为在图像显示终端显示出的图像拍摄照片，如图 9-4 所示。

图 9-4　STM-9000

STM 的特点如下：

1）具有原子级高分辨率：x、y 方向为 0.2nm；z 方向为 0.005nm。

2）在大气压下或真空中均能工作。

3）为无损探测，可获取物质表面的三维图像。

4）可进行表面结构研究，实现表面纳米级加工。

9.2.3 纳米操纵技术

纳米操纵技术主要用来隔离、定位及控制原子。应用隧道效应，用 STM 就可以人为操作原子表面；利用计算机控制 STM 的探针做有规律的移动，在某些部位加大隧道电流的强度或使探针顶端直接接触到样品的表面，在某些样品如石墨的平坦表面上刻出有规律的痕迹，形成某些有意义的图形和文字。

1990 年 4 月，美国国际商用机器公司（IBM）阿尔马登研究中心的两位科学家借助扫描隧道显微镜 STM 观测金属镍表面的氙原子时，由探针和氙原子的运动受到启示，尝试用 STM 探针移动吸附在金属镍表面上的氙原子，经 22h 的操作，在液氦的低温下，将 35 个氙（Xe）原子在镍（Ni）表面上移动排列出 5 个原子高的“IBM”的构图，加起来不到 3nm，如图 9-5 所示。

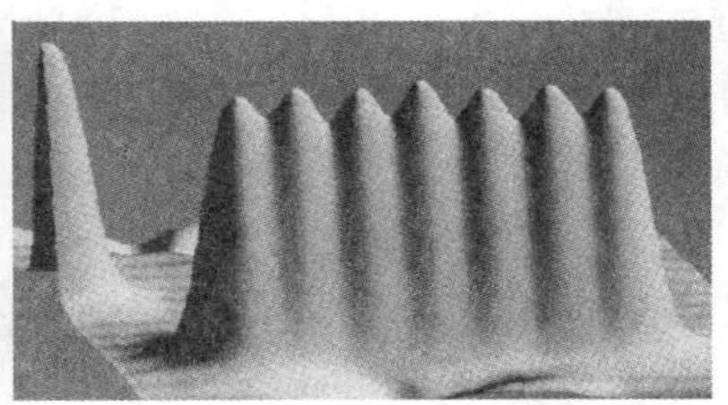

图 9-5　原子移动

2002 年第一期国际纳米界权威杂志《纳米通讯》采用了三个“笔迹”稍有歪扭的“DNA”字母虚拟画面做封面。这一成果为由中科院上海原子核研究所和上海交通大学胡钧、李民乾两位研究员领衔的课题组与德国莎莱大学科学家合作，利用原子力显微镜等纳米显微术，将单个 DNA 链完整地拉直，再对分子链进行切割、弯曲、修剪，终于“写”出“DNA”三个字母，每个字母长仅 300nm、宽 200nm，如图 9-6 所示。

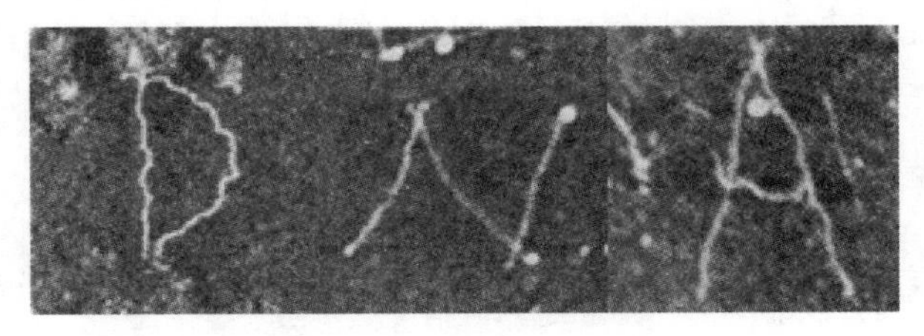

图 9-6　DNA

9.2.4 纳米技术的应用

纳米技术应用前景非常广泛。目前，纳米技术除用于制作纳米材料之外，还应用在以下几方面。

1. 在微电子学上的应用

纳米电子学按照全新的理念来构造电子系统，开发物质潜在的储存和处理信息的能力，实现信息采集和处理能力的革命性突破。例如，已投入生产的纳米材料级存储器芯片的存储容量为目前芯片的上千倍；计算机在普遍采用纳米材料后，可以缩小成为“掌上计算机”。图 9-7 所示为纳米存储器。

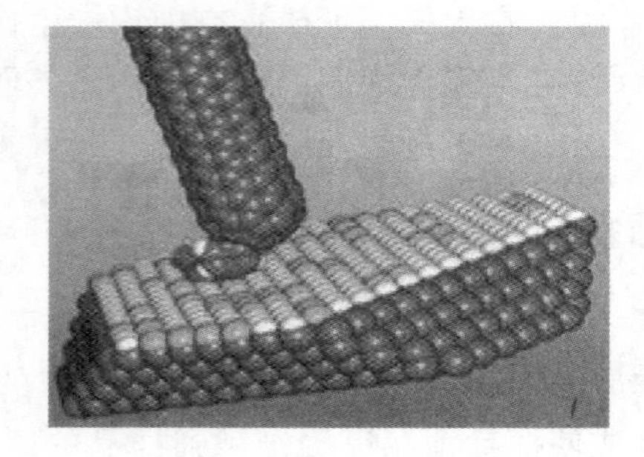

图 9-7　纳米存储器

2. 在光电领域的应用

微电子和光电子的结合，在光电信息传输、存储、处理、运算和显示等方面，使光电器件的性能大大提高。例如，将纳米技术用于现有雷达信息处理上，可使其能力提高 10 倍至几百倍，可以将超高分辨率纳米孔径雷达放到卫星上进行高精度的对地侦察。IBM 公司开发出了世界上最小的纳米光子开关，只有人头发的 1/100 大小，为制造光子晶体管提供了可能性。图 9-8 所示为纳米开关。

3. 在生物工程上的应用

科学家已经考虑应用几种生物分子制造计算机的组件。例如，细菌视紫红质生物材料具有特异的热、光、化学、物理特性和很好的稳定性，并且其奇特的光学循环特性可用于储存信息，将使单位体积物质的储存和信息处理能力提高上百万倍。

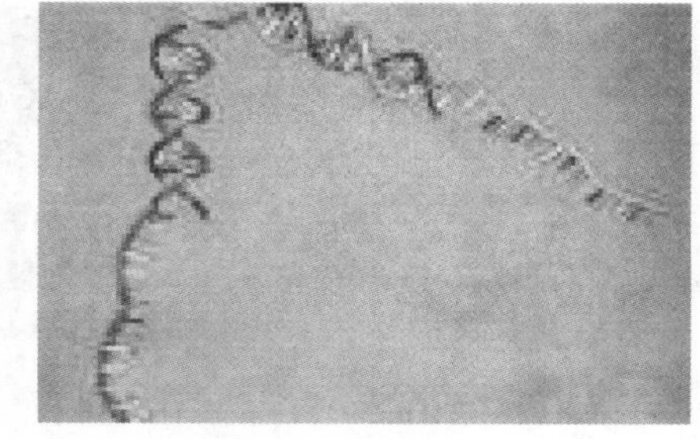

图 9-8　纳米开关

称量单个原子重量的“纳米秤”如图 9-9 所示。

4. 在化工领域的应用

纳米技术在化工领域的应用广泛。例如，将纳米 T_iO_2 粉体按一定比例加入到化妆品中，可以有效地遮蔽紫外线；将金属纳米粒子掺杂到化纤制品或纸张中，可以大大降低静电作用；利用纳米微粒构成的海绵体状的轻烧结体，可用于气体同位素、混合稀有气体及有机化合物等的分离和浓缩；纳米微粒还可用作导电涂料，用作印刷油墨，制作固体润滑剂等。

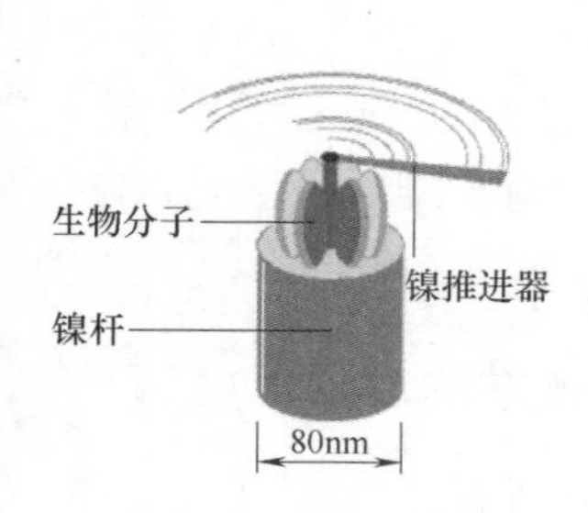

图 9-9　纳米秤

5. 在医学上的应用

使用纳米技术能使药品生产过程越来越精细，并在纳米材料的尺度上直接利用原子、分子的排布制造具有特定功能的药品。使用纳米技术的新型诊断仪器只须检测少量血液，就能通过其中的蛋白质和DNA诊断出各种疾病。

6. 在传感器方面的应用

随着纳米技术的进步，造价更低、功能更强的微型传感器将广泛应用在社会生活的各个方面。例如：

1）将微型传感器装在包装箱内，通过全球定位系统可对贵重物品的运输过程实施跟踪监督。

2）将微型传感器装在汽车轮胎中，可制造出智能轮胎，这种轮胎会告诉驾驶人何时需要更换轮胎或充气。

3）将可承受恶劣环境的微型传感器放在发动机气缸内，对发动机的工作性能进行监视。

4）在食品工业领域，把微型传感器安装在酒瓶盖上就可判断酒的状况等。

7. 纳米机器人

纳米机器人的研制是以分子水平的生物学原理为原型，设计制造的可对纳米空间进行操作的“功能分子器件”。纳米机器人是生物系统和机械系统的有机结合体，可注入人体血管内，进行健康检查和疾病治疗，还可进行人体器官的修复工作、做整容手术、从基因中除去有害的DNA，把正常的DNA安装在基因中，使机体正常运行。

图9-10所示的纳米机器人小到可在人的血管中自由地游动，图为纳米机器人在清理血管中的有害堆积物。对于脑血栓、动脉硬化等病灶，可以很容易地予以清理。图9-11所示为纳米轴承。

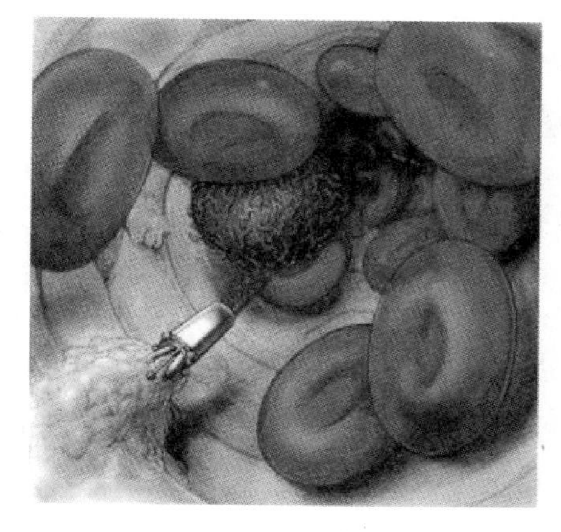

图9-10　纳米机器人

图9-11　纳米轴承

9.2.5　纳米技术的发展

1. 背景材料

1991年，美国国家关键技术委员会将微米和纳米级制造列为国家重点支持的22项关键技术之一，在许多著名大学都设有纳米技术研究机构，美国国家基金会也将微米/纳米技术列为优先支持的关键技术。

1997年，美国国防部就已将纳米技术提高到战略研究领域的高度。

2000年2月，美国提出“国家纳米技术计划”（NNI）。

2000年8月，美国国家科学技术委员会专门成立了“纳米科学、工程与技术分会（NSET）”。

2003年12月，美国总统布什签署了《21世纪纳米技术研究开发法案》，批准联邦政府在从2005财政年度开始的4年中共投入约37亿美元，用于促进纳米技术的研究开发。

日本将微米/纳米技术列为高技术探索研究计划（ERATO）中六项优先支持的高技术探索研究项目之一，投资2亿美元发展该技术，其筑波科学城的交叉学科研究中心把微米/纳米技术列为两个主要发展方向之一。

英国成立了纳米技术战略委员会，由英国科学与工程研究委员会（SERC）支持的有关纳米技术的合作研究计划（LINK计划）已于1990年开始执行，并正式出版了《纳米技术》学术期刊。

欧洲其他国家也不甘示弱，将微米/纳米技术列入“尤里卡计划”。据欧盟委员会最近的调查认为，纳米技术在未来10年后有可能成为仅次于计算机芯片制造的第二大制造业。

我国纳米材料研究起步较早，在纳米材料制造技术方面已取得诸如碳纳米管和准—维纳米材料等在国际上有影响的研究成果，被业界认为是我国在起步阶段就取得领先地位的高新技术。中国的纳米材料专利（包括三资企业）占全世界该领域专利申请总数的20%以上。

2. 发展前景

纳米技术的发展前景非常广阔，下面列出一部分可以预见的应用领域。

1）能源领域。石油、煤等不可再生资源。

2）环保领域。解决水污染、空气污染的问题。

3）微电子。纳米电子器件、纳米线、纳米传感器。

4）信息领域。光纤、发光器件。

5）功能性涂料。薄膜、防静电涂料、特殊视觉涂料、紫外线吸收涂层、耐磨、防腐、耐高温。

6）机械。纳米结构单元和纳米机械。

7）结构陶瓷。增强、增韧、助烧结。

8）化学化工。催化剂、助催化剂、阻燃剂、镍催化氧化丙醛。当镍的粒径在5nm以下时，反应选择性发生急剧变化，生成酒精的转化率迅速增大。

9）塑料和橡胶。制品成型剂、补强剂、抗老化剂。

10）OA领域。复印机和激光打印机的墨粉、喷墨打印机墨水、高级墨水。

11）纳米药物。磁性纳米粒子药物。

12）卫生保健品。防晒霜。

13）纺织品。反射红外线型化纤、杀菌灭菌除臭型化纤。

14）国防科技。纳米探测系统、纳米材料提高防护能力、纳米机械系统制造的小型机器人、雷达隐身技术。美国“超黑粉”对雷达波的吸收率达99%。

3. 科幻链接：建造碳纳米管绳天梯

古人幻想，顺着天梯就可以上天，认为沿着昆仑山顶峰上的大树向上爬，爬到树顶就能进入天庭，这棵树就是上天的天梯。

1982年科普作家认为天梯的高度至少应该是地球同步卫星那么高，那么从地面修造天梯达到几万千米高的卫星，其底座必须是直径为358km粗的钢柱，相当于江苏省的面积。

20世纪90年代，人们设想用纳米材料建设天梯成为可能，从同步卫星上放下由碳纳米管制作的绳缆到地球，升降机沿着绳缆爬上爬下以载人、载物，如图9-12所示。

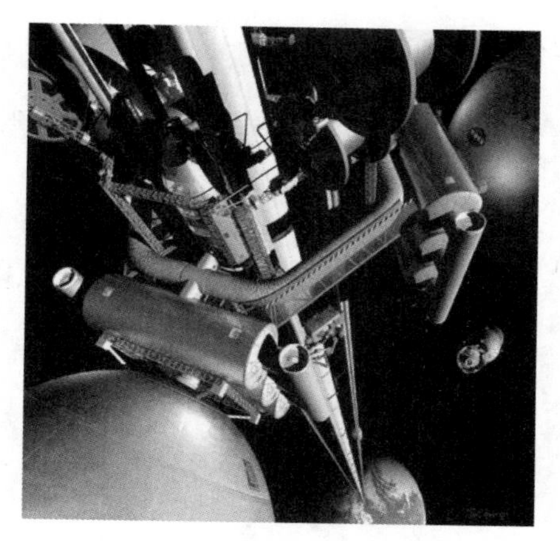

图9-12　纳米材料建设天梯

9.3　生物技术

9.3.1　概述

生物技术（Biotechnology）是指用活的生物体（或生物体的物质）来改进产品、改良植物和动物，或为特殊用途而培养微生物的技术。

生物工程是生物技术的统称，是指运用生物化学、分子生物学、微生物学、遗传学等原理与生化工程相结合，来改造或重新创造设计细胞的遗传物质，培育出新品种，以工业规模利用现有生物体系，以生物化学过程来制造工业产品。

系统生物技术（Systems Biotechnology）包括生物信息技术、纳米生物技术与合成生物技术等。

目前就广义生物产业而言，全球有生物技术企业超过两万家，年销售收入已达万亿美元，并以每3年增加5倍的速度增长。自2000年以来，我国生物产业进入快速发展阶段，2008年我国生物技术产业总产值达到近2500亿元，2012年中国生物技术产业总规模已达到4695亿元，预计未来几年将达万亿元以上。因此，生物技术产业将成为21世纪的主导产业。

9.3.2　现代生物技术

现代生物技术一般包括基因工程、细胞工程、酶工程、发酵工程和蛋白质工程。其中，基因工程是现代生物工程的核心。

1. 基因工程

基因工程（Gene Engineering）又称转基因技术（Gene Manipulation）、重组DNA（Recombinant DNA）。基因工程以分子遗传学为理论基础，以分子生物学和微生物学的现代方法为手段，将不同来源的基因（DNA分子）按预先设计的蓝图，在体外构建杂种DNA分子，然后导入活细胞，以改变生物原有的遗传特性，获得新品种，生产新产品，或是研究基因的结构和功能。基因操作的基本步骤如图9-13所示，图9-14所示为转基因鱼。

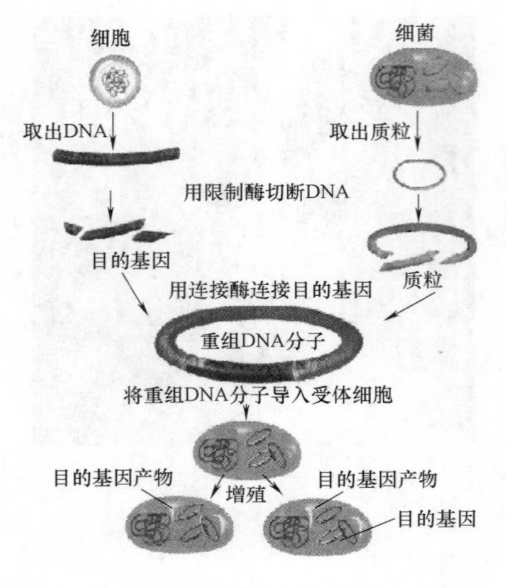

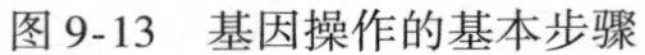

图9-13　基因操作的基本步骤

图9-14　转基因鱼

2. 细胞工程

细胞工程分植物细胞工程和动物细胞工程。

（1）植物细胞工程　植物组织培养和植物体细胞杂交，用来繁殖和培育新品种。例如，白菜-甘蓝是植物体细胞杂交的成果。

（2）动物细胞工程　细胞培养、细胞融合、单克隆抗体的产生、胚胎移植、核移植等。例如，克隆羊多利是核移植的成果。

3. 酶工程

酶工程是利用酶所具有的生物催化功能，借助工程手段将相应的原料转化成有用物质并应用于社会生活的一门技术。它包括酶制剂的制备、酶的固定化、酶的修饰与改造等方面内容。酶工程的应用主要集中于食品工业、轻工业以及医药工业，如加酶洗衣粉。

4. 发酵工程

发酵工程是指采用现代工程技术手段，利用微生物的某些特定功能，为人类生产有用的产品或直接把微生物应用于工业生产过程的一种新技术。例如，利用酵母制作面包、利用再生资源生产饲料蛋白、用微生物细胞作为生物催化剂等。

5. 蛋白质工程

蛋白质工程是对蛋白质进行加工改造。例如，改变个别氨基酸的种类来改变蛋白质的性质。

9.3.3　生物技术的应用

伴随着生命科学的新突破，现代生物技术已经广泛地应用于工业、农牧业、医药、环保等众多领域，产生了巨大的经济和社会效益。

1. 生物技术在工业方面的应用

（1）食品方面　生物技术被用来提高生产率，从而提高食品产量；生物技术可以提高食品质量。例如，以淀粉为原料采用固定化酶（或含酶菌体）生产高果糖浆来代替蔗糖，是食糖工业的一场革命；利用生物技术生产单细胞蛋白为解决蛋白质缺乏问题提供了一条可行之路。目前，全世界单细胞蛋白的产量已经超过3000万t，质量也有了重大突破，从主要用作饲料发展到走上人们的餐桌。

（2）材料方面　通过生物技术构建新型生物材料，是现代新材料发展的重要途径之一。

1）生物技术使一些废弃的生物材料变废为宝。例如，利用生物技术可以从虾、蟹等甲壳类动物的甲壳中获取甲壳素。甲壳素是制造手术缝合线的极好材料，它柔软，可加速伤口愈合，还可被人体吸收而免于拆线。

2）生物技术为大规模生产一些稀缺生物材料提供了可能。例如，蜘蛛丝是一种特殊的蛋白质，其强度大，可塑性高，可用于生产防弹背心、降落伞等用品。利用生物技术可以生产蛛丝蛋白，得到可与蜘蛛丝媲美的纤维。

3）利用生物技术可开发出新的材料类型。例如，一些微生物能产出可降解的生物塑料，避免了“白色污染”。

4）能源方面　生物技术一方面能提高不可再生能源的开采率，另一方面能开发出更多可再生能源。

① 生物技术提高了石油开采的效率。

② 生物技术为新能源的利用开辟了道路。

2. 生物技术在农业方面的应用

现代生物技术越来越多地运用于农业中，使农业经济达到高产、高质、高效的目的。

（1）农作物和花卉生产　生物技术主要是提高农作物和花卉生产的产量、改良品质和获得抗逆植物。用基因工程方法培育出的抗虫害作物，不须施用农药，既提高了种植的经济效益，又保护了环境。例如，我国的转基因抗虫棉品种，1999年已经推广133000多万平方米，创造了巨大的经济效益。

（2）畜禽生产　利用生物技术以获得高产优质的畜禽产品和提高畜禽的抗病能力。如利用转基因的方法培育抗病动物，可以大大减少牲畜瘟疫的发生，保证牲畜健康，也保证人类健康。

（3）生产疫苗　科研人员希望能用食用植物表达疫苗，人们通过食用这些转基因植物就能达到接种疫苗的目的。中国农科院生物研究所有关研究人员指出，“利用转基因植物生产乙型肝炎口服疫苗”是国家863高新生物技术领域中的一项研究，该项研究经过研究人员的共同努力，现已取得重大成果，科研人员在研制出转基因马铃薯后，现又将乙型肝炎病毒包膜中蛋白抗原基因成功导入西红柿并获得稳定和高效表达，这就意味着，人们不必忍痛，轻松地吃几个西红柿就能将谈之色变的乙型肝炎轻松拒之于身外。

（4）生产药用蛋白　科学家已经培育出多种转基因动物，它们的乳腺能特异性地表达外源目的基因，因此从它们产的奶中能获得所需的蛋白质药物。由于这种转基因牛或羊吃的是草，挤出的奶中含有珍贵的药用蛋白，生产成本低，可以获得巨额的经济效益。

3. 生物技术在医药方面的应用

目前，有60%以上的生物技术成果集中应用于医药产业，用以开发特色新药或对传统医药进行改良，由此引起了医药产业的重大变革，生物制药也得以迅速发展，是现代生物技术应用得最广泛、成绩最显著、发展最迅速、潜力也最大的一个领域。

（1）疾病预防　利用疫苗对人体进行主动免疫是预防传染性疾病的最有效手段之一。

注射或口服疫苗可以激活体内的免疫系统，产生专门针对病原体的特异性抗体。基因工程疫苗是将病原体的某种蛋白基因重组到细菌或真核细胞内，利用细菌或真核细胞来大量生产病原体的蛋白，把这种蛋白作为疫苗。如用基因工程制造乙肝疫苗用于乙型肝炎的预防。

（2）疾病诊断　生物技术的开发应用，提供了新的诊断技术，特别是单克隆抗体诊断试剂和 DNA 诊断技术的应用，使许多疾病特别是肿瘤、传染病在早期就能得到准确诊断。

DNA 诊断技术是利用重组 DNA 技术，直接从 DNA 水平做出人类遗传性疾病、肿瘤、传染性疾病等多种疾病的诊断。它具有专一性强、灵敏度高、操作简便等优点。

（3）疾病治疗　生物技术在疾病治疗方面的应用主要包括提供药物、基因治疗和器官移植等。

1）利用基因工程能大量生产一些来源稀少、价格昂贵的药物，减轻患者的负担，如生长抑素、胰岛素、干扰素等。

2）基因治疗是一种应用基因工程技术和分子遗传学原理对人类疾病进行治疗的新疗法。世界上第一例成功的基因治疗是对一位 4 岁的美国女孩进行的，她由于体内缺乏腺苷脱氨酶而完全丧失免疫功能，治疗前只能在无菌室生活，否则会由于感染而死亡。经治疗，这个女孩可进入普通小学上学。

3）1990 年，人类基因组计划在美国正式启动，2003 年 4 月 14 日，中、美、英、日、法、德六国科学家宣布，人类基因组序列图绘制成功。人类基因组计划的完成，有助于人类认识许多遗传疾病以及癌症的致病机理，将为基因治疗提供更多的理论依据。

4）器官移植技术向异种移植方向发展，即利用现代生物技术，将人的基因转移到另一个物种上，再将此物种的器官取出来置入人体，代替人的生病的“零件”。另外，还可以利用克隆技术，制造出完全适合于人体的器官，来替代人体“病危”的器官。

4. 生物技术在环保方面的应用

（1）污染监测　现代生物技术建立了一类新的快速准确监测与评价环境的有效方法，主要包括利用新的指示生物、利用核酸探针和利用生物传感器。例如，人们分别用细菌、原生动物、藻类、高等植物和鱼类等作为指示生物，监测它们对环境的反应，以便能对环境质量做出评价。

（2）生物传感器　生物传感器以微生物、细胞、酶、抗体等具有生物活性的物质作为污染物的识别元件，具有成本低、易制作、使用方便、测定快速等优点。

（3）污染治理　现代生物治理采用纯培养的微生物菌株来降解污染物。例如，科学家利用基因工程技术，将一种昆虫的耐 DDT 基因转移到细菌体内，培育一种专门“吃”DDT 的细菌，大量培养后放到土壤中，土壤中的 DDT 就会被“吃”得一干二净。

9.4　新材料技术

9.4.1　概述

新材料技术是按照人的意志，通过物理研究、材料设计、材料加工、试验评价等一系列研究过程，创造出能满足各种需要的新型材料的技术。

新材料在国防建设上作用重大。例如，航空发动机材料的工作温度每提高 100℃，推力可增大24%；隐身材料能吸收电磁波或降低武器装备的红外辐射，使敌方探测系统难以被发现等。

新材料在信息技术上的影响巨大。例如，超纯硅、砷化镓研制成功，导致大规模和超大规模集成电路的诞生，使计算机运算速度从每秒几十万次提高到现在的每秒百亿次以上。

新材料技术的发展不仅促进了信息技术和生物技术的革命，而且对制造业、物资供应以及个人生活方式产生了重大的影响。材料技术的进步使得“芯片上的实验室”成为可能，大大促进了现代生物技术的发展。新材料技术的发展赋予材料科学新的内涵和广阔的发展空间。目前，新材料技术正朝着研制生产更小、更智能、多功能、环保型以及可定制的产品、元件等方向发展。

9.4.2 新材料的分类及应用

1. 新材料分类

（1）按成分分类　有金属材料、无机非金属材料（如陶瓷、砷化镓半导体等）、有机高分子材料、先进复合材料等。

（2）按材料性能分类　有结构材料和功能材料。

1）结构材料主要利用材料的力学和理化性能，以满足高强度、高刚度、高硬度、耐高温、耐磨、耐蚀、抗辐照等性能要求。

2）功能材料主要利用材料具有的电、磁、声、光热等效应，以实现某种功能，如纳米材料、半导体材料、磁性材料、光敏材料、热敏材料、隐身材料和制造原子弹、氢弹的核材料等。

2. 新材料的应用

新材料种类繁多，应用广泛，除纳米材料之外，简单介绍几种其他新材料。

（1）超塑金属　某些坚固的金属进行特定的高温处理或添加某些元素，就可以使它们变得像“软糖”或“年糕”一样，只用很小的力，就能把它们拉长几十倍、几百倍甚至几千倍，随你加工成什么形状。人们形象地把这类金属称为“超塑金属”，如纯镍、铁镍铬合金、钛合金等。图9-15所示为超塑合金槽筒。

（2）形状记忆合金　形状记忆合金是材料家族中的一个后起之秀，由于它的奇特性能，已经应用在航天器上体积较大的天线、新型发动机等特殊场合。将金属镍和钛以9:11的比例混合在一起，如果在某一较高温度下，用这种材料做成一根笔直的金属丝，冷却后，把它随意地盘卷起来，只要用火一烧，就会立即恢复到原来的笔直形状。镍钛形状记忆合金如图9-16所示。

图9-15　超塑合金槽筒

图9-16　镍钛形状记忆合金

（3）石墨金刚　将石墨放在1500～2000℃的高温和4～5万个大气压的装置中，在催化剂的作用下，就能把石墨的结构“改造”成金刚石，黑黝黝的石墨摇身一变就成了光灿灿的“人造宝石”了，如图9-17所示。

石墨

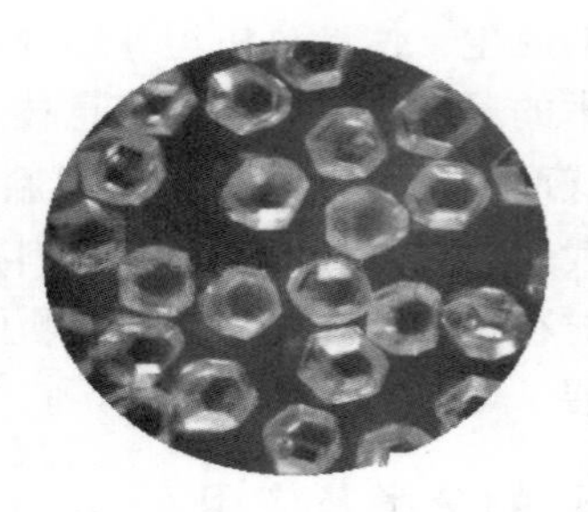

图9-17　石墨变金刚石

（4）新型陶瓷　应用较多。

1）高强高温结构陶瓷强度高，力学性能好，是高温发热元件、绝热发动机和燃气涡轮机叶片、喷嘴等高温工作器件的重要材料，还可用作高温坩埚、高速切削刀具和磨具材料等。例如：在内燃机中用陶瓷代替金属可使燃料消耗减少30%，热效率提高50%。

2）电工电子特种功能陶瓷具有特殊的声、光、电、磁、热和机械力的转换、放大等物理、化学效应，是功能材料中引人注目的新型材料。

3）人造耐高温陶瓷材料以纯度99.7%、直径为1～1.5μm的石英纤维加水混合成浆状，倒入模具中脱水加压成形，然后浸胶体石英，干燥后在1290℃的电炉中烧成，再按要求切成外形不同、大小不等的“砖块”，最后粘贴到航天飞机的铝合金蒙皮上，把外表严严实实地封盖起来，就像给航天飞机穿上了一身防热盔甲，如图9-18所示。

（5）瞬时耐高温材料　是由浸有树脂的合成纤维布或玻璃布等高分子复合材料在一定的温度和压力下固化而成的，外表可燃烧形成牢固多孔的炭化层，成为一种良好的隔热层，同时表面燃烧时放出大量气体，一方面把热量带走了，另一方面在物体外面形成了一个气膜保护层，也起到隔热作用。如卫星“避火衣”，如图9-19所示。

图9-18　航天飞机的防热盔甲

图9-19　卫星“避火衣”

（6）超导材料　超导材料在电动机、变压器和磁悬浮列车等领域有着巨大的市场，如用超导材料制造电动机可增大极限输出量20倍，减轻重量90%。超导材料的研制，关键在于提高材料的临界温度，若此问题得到解决，则会使许多领域产生重大变化。磁悬浮列车如图9-20所示。

科学家在超导材料上有不少新收获，相继发现了临界温度更高的新型超导材料，使人类朝着开发室温超导材料迈出了一大步。在日本，有人发现二硼化镁可在-234℃成为超导体，这是迄今为止发现临界温度最高的金属化合物超导体。由于二硼化镁超导体易合成、易加工，很容易制成薄膜或线材，因而应用前景看好。

图 9-20　磁悬浮列车

（7）能源材料　能源材料分为节能材料和贮能材料。镍氢电池和相关材料产业在我国已形成，并获得27项专利，部分产品已进入国际市场。锂离子电池主要用于通信领域，需求量将逐年增加，尚须进一步发展。碱性燃料电池用于航天、潜艇和水下机器人，还有待进一步开发。汽车用燃料电池发展前景很好。

（8）环境材料　环境材料是20世纪90年代兴起的交叉学科材料，如纯天然材料、仿生材料（人工骨、人工脏器）、绿色包装材料（袋与容器）、生态材料（无毒装修材料）、环境降解材料（分子筛、离子筛材料），环境替代材料（无磷洗衣粉助剂）。这些材料产业都在兴起，并日益受到重视。

9.4.3　纳米材料

1. 概念

纳米材料是指纳米尺度内的超微颗粒及其聚集体，以及由纳米微晶体所构成的材料。纳米级超微颗粒也称纳米粒子，一般是指尺寸在1～100nm的粒子，处在原子簇和宏观物体交界的过渡区域，既非典型的微观系统也非典型的宏观系统，是一种典型的介观系统。科学家通过研究发现，当人们将宏观物体细分成纳米粒子后，它就奇异地具有传统材料所不具备的新的光学、热学、电学、磁学、力学以及化学性质。

纳米材料必须具备两个条件：一是纳米尺度；二是新的物理化学性能。纳米是物质的超微尺寸单位，不是物质的名称，因此纳米技术就不是一个独立的产业，它寓于许多高新技术材料产业之中。纳米材料的制备方法有物理和化学两种。纳米材料的制备、工艺、制造、检测带来了一系列微观世界的创新，它给人类社会的物质世界带来了一次重大革命。

2. 纳米材料的奇异特性

（1）具有很高的活性　纳米超微颗粒的表面积：体积即“比表面积”很高，决定了其表面具有很高的活性。在空气中，纳米金属颗粒会迅速氧化而燃烧。利用表面活性，金属超微颗粒可望成为新一代的高效催化剂、贮气材料和低熔点材料。

（2）特殊的光学性质　所有的金属在超微颗粒状态时都呈现为黑色，且尺寸越小颜色越黑。金属超微颗粒对光的反射率很低，通常可低于1%，大约几微米厚度的膜就能起到完全消光的作用。利用这个特性可以制造高效率的光热、光电转换材料，以很高的效率将太阳能转变为热能、电能。另外，纳米材料还有可能应用于红外敏感元件、红外隐身材料等。

（3）特殊的热学性质　大尺寸的固态物质其熔点往往是固定的，超细微化的固态物质其熔点却显著降低，当颗粒小于10nm量级时尤为突出。例如：金的常规熔点为1064℃；当颗粒的尺寸减小到10nm时，熔点会降低27℃；减小到2nm时的熔点仅为327℃左右。

（4）特殊的磁学性质　磁性超微颗粒实质是个生物磁罗盘。大块纯铁的磁矫顽力约为80A/m，当颗粒尺寸减小到$2\times10^{-2}\mu m$以下时，矫顽力增加103倍。当颗粒尺寸减小到小于$6\times10^{-3}\mu m$时，矫顽力反而降低到零，呈现出超顺磁性。利用磁性超微颗粒高矫顽力的特性制成的高储存密度的磁记录磁粉，大量应用于磁带、磁盘、磁卡以及磁性钥匙等。利用超顺磁性，还将磁性超微颗粒制成了用途广泛的磁性液体

（5）特殊的力学性质　陶瓷材料通常呈现脆性，而由纳米超微颗粒压制成的纳米陶瓷材料具有良好的韧性。呈纳米晶粒的金属要比传统的粗晶粒金属硬3～5倍。金属-陶瓷复合纳米材料则可在更大的范围内改变材料的力学性质。

（6）量子尺寸效应　当热能、电场能或者磁场能比平均的能级间距还小时，就会呈现出一系列与宏观物体截然不同的反常特性，称之为量子尺寸效应。例如，导电的金属在超微颗粒时可以变成绝缘体。在低温下，必须对超微颗粒考虑量子效应，原有的宏观规律已不再成立。

（7）宏观量子隧道效应　近年来，人们发现一些宏观物理量，如微颗粒的磁化强度、量子相干器件中的磁通量等显示出隧道效应，称之为宏观量子隧道效应。量子尺寸效应、宏观量子隧道效应将是未来微电子、光电子器件的基础，它确立了现存微电子器件进一步微型化的极限。当微电子器件进一步微型化时，必须考虑上述的量子效应。例如，在制造半导体集成电路时，当电路的尺寸接近电子波长时，电子就通过隧道效应溢出器件，使器件无法正常工作。经典电路的极限尺寸大概为0.25μm。目前研制的量子共振隧道晶体管就是利用量子效应制成的新一代器件。

3. 纳米材料的应用

由于纳米技术从根本上改变了材料和器件的制造方法，使得纳米材料在磁、光、电敏感性方面呈现出常规材料不具备的许多特性，在许多领域有着广阔的应用前景。

（1）碳纳米管　1985年，美国科学家克劳特和斯莫利等用激光束去轰击石墨表面，发现了C60。C60的外形像足球，中心是空的，外边围砌着60个碳原子，组成了12个五边形和20个正六边形。因此，碳60又叫巴基球，如图9-21a所示。一个巴基球的直径是0.7nm。巴基球可以做得更大，再增加10个碳原子，还可以做成碳70，如图9-21b所示。

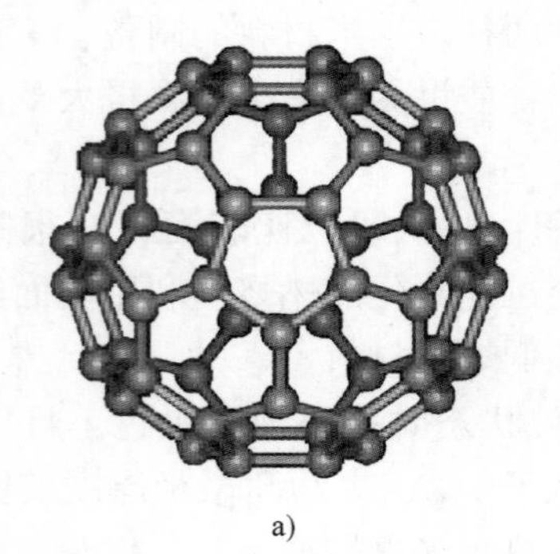

a)

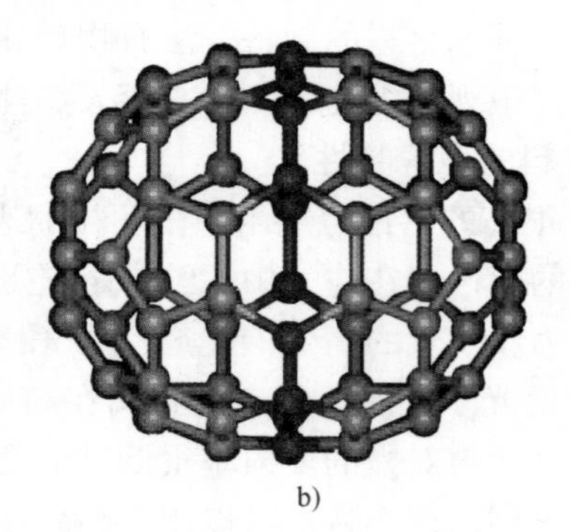

b)

图9-21　巴基球

a）碳60　b）碳70

碳原子既然可以排列成足球的形状，也就可以排列成圆筒形，而且圆筒形还可以加长，成为一根纤维——碳纳米管。图9-22所示为制成的碳纳米管，其直径已达到1.4nm，每一

圈由 10 个六边形组成。

碳纳米管是由石墨中的一层或若干层碳原子卷曲而成的笼状“纤维”，内部是空的，外部直径只有几到几十纳米。碳纳米管的质量是同体积钢的 1/6，而强度是钢的 100 倍，导电性优于铜。

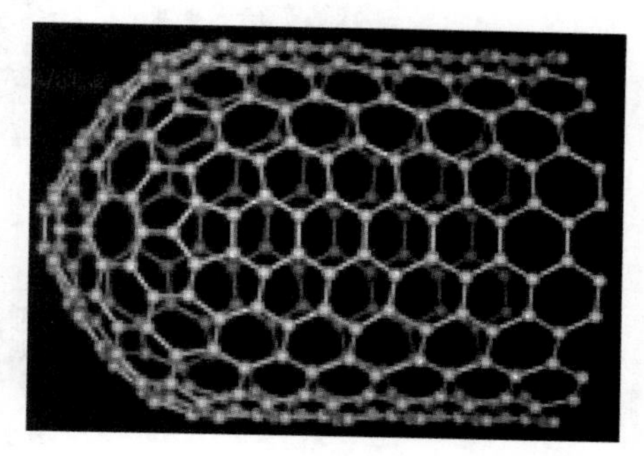

图 9-22　碳纳米管

如果用 9 × 60 个碳原子制成碳 540，有可能在室温条件下实现超导。诺贝尔化学奖得主斯莫利教授认为，纳米碳管将是未来最佳纤维的首选材料，将被广泛用于超微导线、超微开关以及纳米级电子线路等。碳纳米管也是极好的储氢材料，在未来的以氢为动力的汽车上将得到应用；在传感器、锂离子电池、场发射显示、增强复合材料等领域也有着广泛的应用前景。

（2）超细薄膜　超细薄膜的厚度通常只有 1 ~ 5nm，甚至会做成 1 个分子或 1 个原子的厚度。超细薄膜可以是有机物也可以是无机物，具有广泛的用途。例如：沉淀在半导体上的纳米单层，可用来制造太阳能电池，对开发新型清洁能源有重要意义；将几层薄膜沉淀在不同材料上，可形成具有特殊磁特性的多层薄膜，是制造高密度磁盘的基本材料。

（3）陶瓷领域　随着纳米技术的广泛应用，纳米陶瓷随之产生，希望以此来克服陶瓷材料的脆性，使陶瓷材料可大幅度弯曲而不断裂，表现出金属般的柔韧性和可加工性，这是普通陶瓷无法比拟的。如能解决单相纳米陶瓷的烧结过程中抑制晶粒长大的技术问题，则它将具有高硬度、高韧性、低温超塑性、易加工等优点。具有易洁纳米涂层的陶瓷洁具如图 9-23 所示。

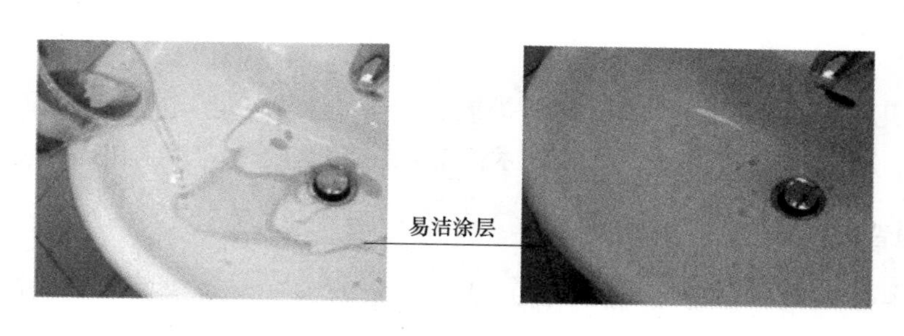

图 9-23　易洁纳米陶瓷洁具

（4）纳米金属　将铁用纳米工艺粉碎成 6nm 左右的纳米粒子，再经过压制成形，其强度为铁的 12 倍，硬度高达 100 ~ 1000 倍，并且可以任意弯曲，弹性极好。

（5）纳米面料　可利用纳米面料制作不用洗涤剂也能清洁的衣物，如图 9-24 所示。

自然链接(图9-25)

莲花叶面表面的结构与粗糙度为微米至纳米尺寸的大小。当远大于该结构的灰尘、雨水等降落在叶面上时，只能和叶面上凸状物形成点的接触，液滴在自身的表面张力作用下形成球状，在滚动中吸附灰尘，并滚出叶面。

鹅毛和鸭毛的排列非常整齐，毛与毛之间的隙缝小到纳米尺寸，所以水分子无法穿透层

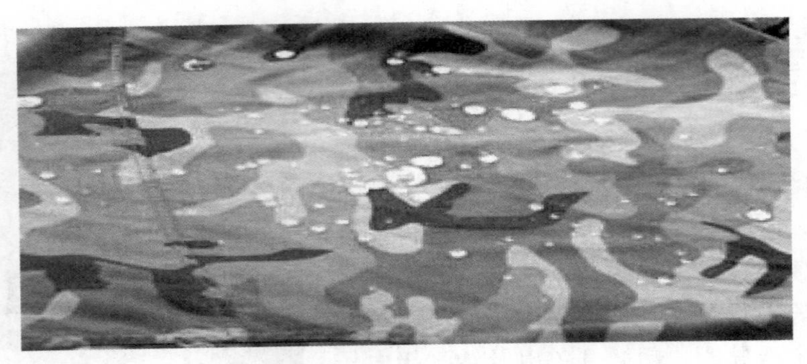

图 9-24　免洗纳米面料

层的鹅毛和鸭毛，而且还极其通气，使鹅与鸭得以在水中保持身体的干燥。

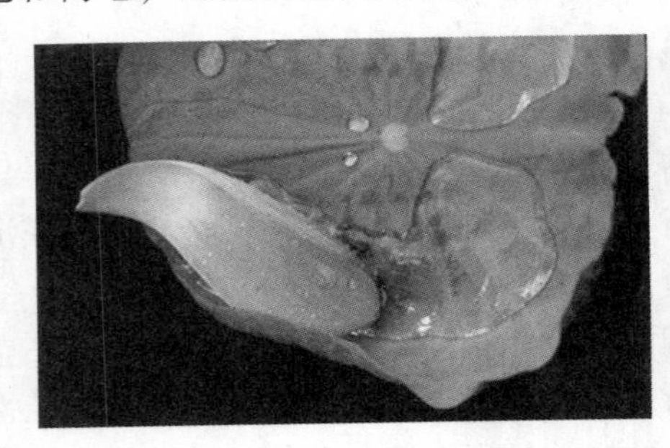

图 9-25　莲花叶、鹅毛

9.5　低碳技术

低碳技术几乎遍及所有涉及温室气体排放的行业部门，包括电力、交通、建筑、冶金、化工、石化等。在这些行业领域，低碳技术的应用可以更显著地节能和提高能效。

9.5.1　低碳背景

面对全球气候变化，急需世界各国协同减低或控制二氧化碳排放。1997 年的 12 月，《联合国气候变化框架公约》第三次缔约方大会在日本京都召开，149 个国家和地区的代表通过了旨在限制发达国家温室气体排放量以抑制全球变暖的《京都议定书》。《京都议定书》规定，到 2010 年，所有发达国家二氧化碳等 6 种温室气体的排放量，要比 1990 年减少 5.2%。2001 年，美国总统布什刚开始第一任期就宣布美国退出《京都议定书》，理由是议定书对美国经济发展带来过重负担。2007 年 3 月，欧盟各成员国领导人一致同意，单方面承诺到 2020 年将欧盟温室气体排放量在 1990 年基础上至少减少 20%。2012 年之后如何进一步降低温室气体的排放，即所谓“后京都”问题是在内罗毕举行的《京都议定书》第 2 次缔约方会议上的主要议题。2007 年 12 月 15 日，联合国气候变化大会产生了“巴厘岛路线图”，“路线图”为 2009 年前应对气候变化谈判的关键议题确立了明确议程。

2005 年 2 月 16 日，《京都议定书》正式生效。这是人类历史上首次以法规的形式限制温室气体排放。为了促进各国完成温室气体减排目标，议定书允许采取以下四种减排方式。

1）两个发达国家之间可以进行排放额度买卖的“排放权交易”，即难以完成削减任务的国家可以花钱从超额完成任务的国家买进超出的额度。

2）以“净排放量”计算温室气体排放量，即从本国实际排放量中扣除森林所吸收的二氧化碳的数量。

3）可以采用绿色开发机制，促使发达国家和发展中国家共同减排温室气体。发达国家相对低成本帮助发展中国家每减少1t二氧化碳排放，其在国内就可相应多排放1t二氧化碳，即多获得1t二氧化碳排放权。

4）可以采用“集团方式”，即欧盟内部的许多国家可视为一个整体，采取有的国家削减、有的国家增加的方法，在总体上完成减排任务。

注：哥本哈根世界气候大会今称《联合国气候变化框架公约》缔约方第15次会议，于2009年12月7~19日在丹麦首都哥本哈根召开，会议未能达成任何有法律约束力的协议，而只在美国、中国、印度、南非等国之间达成了一个尚未能获得大会全面通过的协议。

9.5.2 低碳的内涵

低碳技术是指涉及电力、交通、建筑、冶金、化工、石化等部门以及在可再生能源及新能源、煤的干净高效应用、油气资源和煤层气的勘察开发、二氧化碳捕获与埋存等范畴内开发的有效掌握温室气体排放的新技术。

低碳经济是以低能耗、低污染、低排放为基础的经济模式，是人类社会继农业文明、工业文明之后的又一次重大进步。全球已探明的石油、天然气和煤炭储量将分别在今后40、60和100年左右耗尽。在“碳素燃料文明时代”向“太阳能文明时代”过渡的未来几十年里，“低碳经济”“低碳生活”的重要含义之一，就是节约化石能源的消耗，为新能源的普及利用提供时间保障。

低碳经济几乎涵盖了所有的产业领域，有专家称之为“第五次全球产业浪潮”，并首次把低碳内涵延展为：低碳社会、低碳经济、低碳生产、低碳消费、低碳生活、低碳城市、低碳社区、低碳家庭、低碳旅游、低碳文化、低碳哲学、低碳艺术、低碳音乐、低碳人生、低碳生存主义、低碳生活方式。

国际上用一个国家的碳排放量来衡量这个国家的能源消耗量。目前，我国的碳排放量是世界第一。联合国正在推动减少碳排放的国际合作，并规定每个国家允许的碳（二氧化碳）排放量。在向低碳经济转型已经成为世界经济发展的大趋势的背景下，“碳足迹”“低碳经济”“低碳技术”“低碳发展”“低碳生活方式”“低碳社会”“低碳城市”“低碳世界”等一系列新概念、新政策应运而生。通过低碳经济模式与低碳生活方式，实现可持续发展已经成为全球共识，各国政府都极其重视。

9.5.3 如何低碳

低碳技术可分三类：一是减碳技术，包括高能耗、高排放领域的节能减排技术，煤的清洁高效利用、油气资源和煤层气的勘探开发技术等；二是无碳技术，如核能、太阳能、风能、生物质能等可再生能源技术；三是去碳技术，典型的是二氧化碳捕获与埋存（CCS）。

多数人或许并不知道，电动电器也会在生产和使用过程中消耗大量的高含碳原材料以及石油，变相地增加了二氧化碳的排放。那么如何才能做到低碳地生活呢？

例如在建筑方面，室内设计以自然通风、采光为原则，减少使用电风扇、空调及电灯的频率。通常，在整个建筑的能量损失中，约50%是在门窗幕墙上的能量损失。中空玻璃不仅把热浪、寒潮挡在外面，而且能隔绝噪声，降低能耗。纤维石膏板是一种暖性材料，热收缩值小，保温隔热性能优越，且具有呼吸功能，能够调节室内空气湿度。居住小户型无论在节约建筑材料、节能节电、建造和使用成本等方面都优于大户型，碳排放量也明显小于大户型。图9-26所示为家庭采暖的空气源热泵。

发泡水泥提供了一种新型的建筑保温材料，与中空玻璃一样能够把热浪、寒潮挡在外面，降低能耗，符合国家节能政策的要求，可推动社会的可持续性发展。利用回收再生纸可以制作环保型纸家具，如图9-27所示。

图9-26　家庭采暖的空气源热泵

图9-27　纸家具

下面罗列了一些低碳的生活方式，可供尝试。

1）选用节能空调，省电节能；空调调高1℃，可以节电7%。

2）巧用电冰箱，省电效果强。电冰箱及时除霜、尽量减少开门次数、将冷冻室内需解冻的食品提前取出，放入冷藏室解冻。

3）电视机屏幕暗一点，节能又护眼。

4）选用节能洗衣机，省水又省电。

5）点亮节能灯，省电看得清。

6）科学使用计算机。暂时不用计算机时，缩短显示器进入睡眠模式的时间设定；在午餐休息时和下班后关闭计算机及显示器，这样做除省电外还可以将这些电器的二氧化碳排放量减少1/3。

7）用完电器拔插头，省电又安全。

8）煮饭提前淘米，并浸泡10min，然后再用电饭锅煮，可大大缩短米饭熟的时间，节电约10%。

9）在马桶中放几瓶水，就可减少用水量。

10）坚持无纸办公、节能环保，多用电子邮件、QQ等即时通信工具，少用打印机和传真机。

11）用太阳能热水器，省电又省气。

12）少买不必要的衣服，才是环保新时尚；减少购买过度包装的商品。

13）少用一次性塑料袋，绿色购物；少用一次性木筷，保护森林，减少碳排放。

14）如果去8km以外的地方，乘坐轨道交通可比乘汽车减少1700g的二氧化碳排放量。

15）购买低价格、低油耗、低污染、安全系数不断提高的小排量车；条件许可时优先选择购置新能源车。

16）巧驾车多省油：驾车保持合理车速；避免冷车起动；减少怠速时间；尽量避免突然变速；选择合适档位，避免低档跑高速；用黏度低的润滑油；定期更换机油；高速驾驶时不开窗。

17）如果堵车的队伍太长，应熄火等待；定期检查轮胎气压，气压过低或过高都会增加油耗；开车出门购物要有购物计划，尽可能一次购足。

18）洗同样一辆车，用桶盛水擦洗只有用水龙头冲洗用水量的1/8。

19）尽量选用公共交通，多步行或骑自行车，乘坐轻轨或者地铁；网上购物可以减少交通出行。

20）办公室内种植一些净化空气的植物，如吊兰、非洲菊、无花观赏桦等，主要可吸收甲醛，也能分解复印机、打印机排放出的苯，同时还能吸收尼古丁。

思考与练习题

9-1　何谓纳米技术？它有哪些特点？

9-2　纳米技术的应用有哪些？

9-3　为什么纳米技术的影响巨大？

9-4　微细加工工艺有哪些？

9-5　简述微米加工的特点和应用。

9-6　上网查询微细加工的应用实例。

9-7　上网搜索纳米技术在各行业的应用。

9-8　上网搜索生物技术的应用。

9-9　谈谈你对生物技术的展望，有无忧患意识？

9-10　未来制造用的新材料有哪些？

9-11　结合生活实际谈谈如何低碳生活。

参考文献

[1] 陈立德. 先进制造技术 [M]. 北京：国防工业出版社，2009.
[2] 郭黎滨. 先进制造技术 [M]. 哈尔滨：哈尔滨工程大学出版社，2010.
[3] 张世琪. 现代制造引论 [M]. 北京：科学出版社，2003.
[4] 张颖熙. 先进制造技术 [M]. 北京：高等教育出版社，2005.
[5] 王润孝. 先进制造技术导论 [M]. 北京：科学出版社，2004.
[6] 赵汝嘉. 先进制造系统导论 [M]. 北京：机械工业出版社，2005.
[7] 中国科学院. 2009 高技术发展报告 [R]. 北京：科学出版社，2009.
[8] 中国科学院. 2008 高技术发展报告 [R]. 北京：科学出版社，2008.
[9] 中国科学院. 2007 高技术发展报告 [R]. 北京：科学出版社，2007.